数字化生活
人工智能

人工智能时代，你的工作还好吗？

渠成 陈伟◎著

電子工業出版社
Publishing House of Electronics Industry
北京•BEIJING

前 言
Preface

随着技术的持续进步及时代的不断发展，很多工作都会被重新定义，但并不会从世界上消失。从目前的情况来看，已经出现了许多具有深远意义的技术产品，如 Rethink Robotics 的 Baxter 系统、IBM 的 Watson 计算机系统、谷歌的无人驾驶车和阿里巴巴的“店小蜜”等。

可以说，在 AI（Artificial Intelligence，人工智能）越来越成熟的情况下，一些重复、危险、无趣、烦琐的工作已经可以交由 AI 来完成。例如，在飞机场里，自助登记服务亭越来越多；在京东的仓库里，分拣机器人会来回穿梭；在企业里，HR（Human Resources，人力资源部或从事从力资源工作的人）使用 AI 产品对应聘者的简历进行筛选；在家里，早教机器人正在帮助孩子练习英语……

在不同的领域，这样的自动化工作会产生什么样的影响？可以让效率和质量有大幅度提升吗？人类可以从某些工作中解放出来吗？人类的生活水平会比之前更高吗？人类会受到自动化的威胁吗？这些问题都是必须考虑的，也是必须解决的。

2015年，麦肯锡对这些问题进行了探究，与此同时，还深入分析了AI对未来工作的潜在影响。麦肯锡得出的一个关键的结论是，在短期或中期内，AI并不会代替人类完成所有的工作，但是有一部分工作会被完全自动化。因此，整个工作流程就需要被改造，而这也在一定程度上促使人们对工作进行重新定义。不过，这里所说的重新定义更像是发生在银行工作人员与ATM机之间的工作变化。

另外，在大多数专家和学者看来，AI会影响那些低技能、低薪酬的职位，但事实却并非如此。因为即使是一些需要多种技能的高薪酬职位，同样也有被AI影响的风险，例如财务人员、医护人员、高级管理人员等。

在上述提到的这些职位当中，受AI影响最深的应该就是企业里的高级管理人员。一方面，他们的身份和工作都会被AI重新定义；另一方面，他们的决策方式和处事风格也会被AI改变。

综上所述，无论承认与否，AI已经让各个领域的工作和职位有了全新的意义。然而，对于人类来说，这无疑是一个巨大的挑战。为了更好地应对这一挑战，人类必须想出一些有效的办法，并制定出比较完善的策略。但是，大多数人都并不太了解AI及AI导致的种种变化，因此，也就无法想出办法，制定出策略。

本书正好抓住了这些痛点，告诉读者如何应对AI带来的挑战，从而帮助读者缓解 AI 带来的担忧和恐慌。笔者把丰富的知识积累和多年的实践经验浓缩成这本书奉献给每一位读者。本书图文并茂，集合了大量的经典案例和直观的图表。

另外，本书的文字内容也力求诙谐幽默、浅显直白，目的就是让读者能够在轻松愉快的氛围中学到知识和方法。通过本书的学习，读者可以更迅速地适应 AI 时代，从而更好地应对 AI 带来的挑战。相信对于广大读者而言，本书的学习之旅一定会是一段非常完美的体验。

目 录

Content

第一章

AI：失业的阴影还是就业的机遇

日本三菱综合研究所的一个学者认为，AI 将使日本的工作岗位减少 240 万个，该论断再一次引发了“AI 会让谁失业”的热议。那么，AI 真的会造成失业吗？AI 有没有可能带来更多的就业机遇呢？其实，这两个问题的答案不只专家学者想知道，普通民众也想知道。

1.1　AI 引发失业还是改变工作形式

1966 年，牛津大学著名学者迈克尔·波兰尼阐明，机器在某些特定领域确实有比较明显的优势，但在另一些领域却很难逾越人类。他通过对人类的能力进行审慎评估，总结出了一个结论——我们实际知道的要比我们所能言传的多。换句话说，即使人类非常擅长做某件事情，也无法用语言将具体的做法无一遗漏地表达出来。

基于迈克尔·波兰尼的这一结论，我们似乎可以做出一个合理推测：在很多领域，AI 的不断发展可以对劳动力市场格局进行重塑，从而淘汰某些已经不再需要人类从事的职业，但一些想象不到的新工种也会同时出现。也就是说，AI 并不会引发失业，而是会使工作形式发生改变，让工作变得更加智能化。

1.1.1 易被 AI 取代的职业：烦琐+重体力+无创意

在看美国科幻大片的时候，我们经常会被里面的机器人震撼到。这些机器人似乎拥有非常强大的“超能力”，以至于可以担负很多非常复杂的工作。而回到现实中，同样也可以发现，大量的职业正在甚至已经被 AI 取代。经过仔细收集和考证，最容易也最有可能被 AI 取代的职业应该有如图 1-1 所示的 3 类特征。

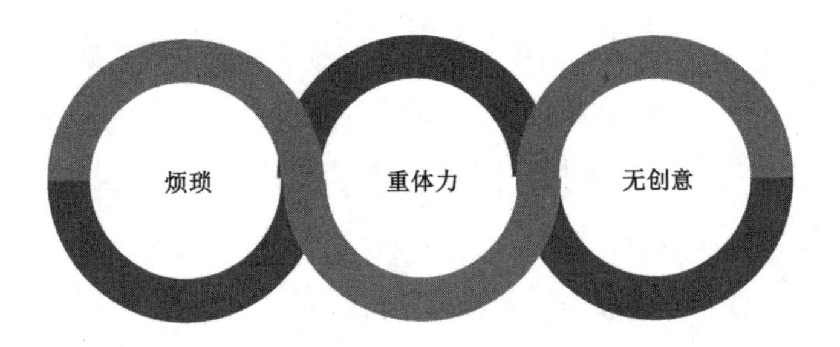

图 1-1　易被 AI 取代的职业的 3 类特征

1. 烦琐

通常来讲，会计、金融顾问等金融领域的工作人员都需要做非常烦琐的工作。以会计为例，不仅需要参与拟定财务计划、业务计划，还需要制作财务报表、计算和发放薪酬、缴纳各项税款等。而且更重要的是，如果在这个过程中出现了失误，那么无论是会计还是企业，都要遭受比较大的损失。

然而，自从AI出现以后，这一情况就有了明显改善。2017年8月，由长沙捷柯诗信息科技有限公司研发的会计机器人在长沙智能制造研究总院——2025 智造工厂正式诞生。随后，湖南默默云物联技术有限公司对该会计机器人系统进行了测试。

首先，湖南默默云物联技术有限公司的经理王晓辉接受了近20分钟的会计操作流程培训。之后，他又花费了15分钟的时间，将自己公司的发票数据、薪酬发放数据等逐一录入会计机器人系统。紧接着，会计机器人系统自动生成了结账凭证、记账凭证、计提、资产负债表、利润表、会计账簿、国地税申报表等诸多数据和报表。最后，长沙智能制造研究总院的财务总监对这些数据和报表进行了逐一核对。结果发现，这些数据和报表的准确率已经达到了100%，而且完全符合《中华人民共和国会计法》及国家税法标准。

通过上述案例可以知道，会计机器人系统已经可以完成大量的会计工作。这也就意味着，会计很有可能会被AI取代。

2. 重体力

提起重体力，我们首先想到的 4 个职业就是保姆、快递员、服务员和工人。如今，这 4 个职业正面临着被 AI 取代的风险。例如，AI 生活管家可能会取代保姆，如图 1-2 所示。

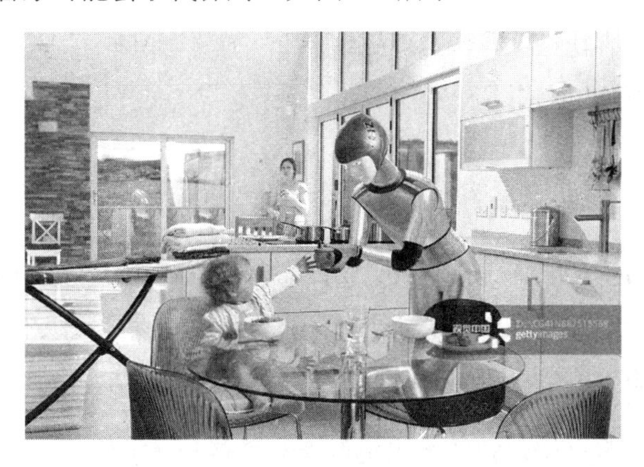

图 1-2 AI 生活管家

下面以保姆和快递员为例进行讲解。

2016 年，日本著名机器人研究所 KOKORO 公司研制出了一款仿真机器人，并将其命名为“木户小姐”。据了解，“木户小姐”与真实的人类非常相似，除了可以像保姆那样完成一些打扫工作，还可以与主人进行简单的交谈。

2017 年 6 月 18 日，京东配送机器人穿梭在人民大学的道路间，除了可以自主规避障碍和车辆行人，顺利地将快递送到目的地，还可以通过京东 App、手机短信等方式向客户传达快递即将送到的消息。客户只需要输入提货码，即可打开京东配送机器人的快递仓，成功取走自己的快递。

不难看出，“木户小姐”可以完成保姆的工作，京东配送机器人可以完成快递员的工作。当然，也有一些AI产品可以完成服务员和工人的工作。这也就表示，未来那些需要做重体力工作的职业很容易会被AI取代。

3. 无创意

众所周知，并不是每一项职业都需要创意，例如司机、客服等。自从AI出现以后，这些不需要创意的职业便受到了很大的威胁，下面以客服为例进行说明。

对于客服来说，智能客服机器人无疑是一个非常巨大的挑战。一方面，智能客服机器人可以精准地理解客户提出的问题，并给出合适的解决方案；另一方面，如果遇到需要人工解答的问题，那么智能客服机器人还可以辅助人类客服进行回复。

从目前的情况来看，智能客服机器人已经在国内外多家企业获得了有效应用，例如酷派商城、阿里巴巴、360商城、巨人游戏、京东、唯品会、亚马逊等。可以预见，当智能客服机器人越来越先进、数量也越来越多的时候，客服很有可能会被取代。

对上述内容进行总结，不难发现，易被AI取代的职业主要有会计、金融顾问、保姆、快递员、服务员、工人、司机、客服等。

这些职业的特征是烦琐、重体力、无创意。这就表示，正在从事这些职业的人们必须做好应对 AI 的准备，以防有一天被 AI 取代。

1.1.2 辩证思考：AI 是否引发大量失业

AI 从出现到现在，已经获得了非常迅猛的发展，与其相关的各种产品和新闻层出不穷，并对人们的日常生活产生着极为深远的影响。之前横扫整个围棋圈的 AlphaGo，就将 AI 的强大力量展现得淋漓尽致。

不仅如此，人们也逐渐意识到 AI 进入生活正在成为现实。然而，伴随而来的担忧也必须得到正视。不少权威人士也开始提醒人们要对 AI 高度警惕。

在 AI 带来的所有担忧中，最具代表性的就是 AI 是否会引发大量失业。对此，麻省理工学院媒体实验室负责人伊藤穰一说："从宏观角度来看，我们无法否认人们会因'新技术会导致人们失业'而恐慌。但随着新技术的发展，某些领域又会诞生新的工作。主导 AI 研发的各大科技巨头如果能为人们树立一种正确的态度，驱散人们心中对 AI 的恐惧，那么也将会是一大利好。毕竟人们对 AI 的恐惧绝大部分来自对 AI 的不了解。要消除恐惧，我们需要在两个方面努力：一是消除人们心中情绪化、非理性的恐慌心理；二是理性解决问题。"

伊藤穰一的观点确实有一定的道理，但是我们需要努力的方面并不只有他提到的那两个，还有更加重要的是，将社会集体意识唤醒以迎接AI时代的到来。如今时代变革的速度明显加快，甚至已经到了我们无法跟上的水平。

随着AI的不断发展，一些烦琐、重体力、无创意的工作也会被逐渐取代，例如上一小节提到的打扫卫生、快递配送、解决客户问题等。另外，一些AI创业公司正在对人脸识别进行深入研究，只要研究成功，该类技术就可以辨识约30万张人脸，而这样的量级是人类很难或者根本不可能达到的。人脸识别技术模型，如图1-3所示。

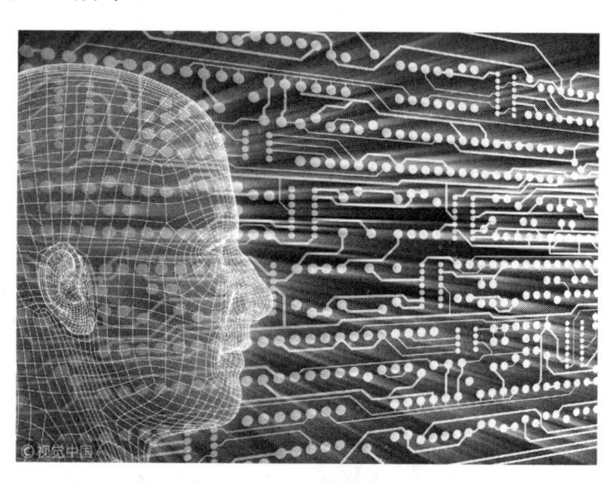

图1-3　人脸识别技术模型

在其他一些领域，AI的确缺乏处理人际和人机关系的能力，医疗领域就是其中最具代表性的一个领域。虽然涉及影像识别的医疗岗位很可能会被AI取代，但这仅仅是非常小的一部分，像问诊、咨询等需要人际能力的工作还是应该由人类来做。

从目前的情况来看，人类亟待完成的重大任务主要有以下两项：

（1）认真思考怎样调配那些被 AI 取代的工作者。

（2）对教育进行改革，使其更好地适应未来就业形势。

从某种意义上讲，AI 带来的并不是失业，而是更加完美的工作体验。未来，工作不能只由人类完成，也不能只由 AI 完成，必须由二者联合起来共同完成。因此，对于 AI 时代的到来，我们不需要感到担忧和恐惧。

在这种情况下，我们所应该做的是，尽早了解科技的发展趋势，厘清 AI 与人类之间的关系，并在此基础上探索出更加合适的工作模式。

1.1.3 AI 只是改变工作形式：工作由低级升为高级

很多人都想知道工作究竟会不会消失，实际上，在大多数情况下，工作并不会消失，而是转变成了新的形式。下面以人事工作为例进行详细说明。

之前，人事工作都是由 HR 负责的，然而，随着 AI 的不断发展进步，这样的情况似乎已经发生了改变。2017 年，日本高端人才招聘网站 BizReach 宣布与雅虎、Salesforce 合作，共同开发针对人事工作的 AI 产品。该 AI 产品不仅可以自动完成某些工作，例如岗位调动、招聘、员工评测等，还可以帮助企业发现员工的跳槽倾向。与此同时，该 AI 产品还可以采集员工的工作数据，并在此基础上通过深度学习技术，对员工的工作特征进行深度分析，从而判断出员工与其所在岗位是不是足够匹配。

目前，引入该类 AI 产品的企业越来越多，例如沃尔玛、亚马逊等。这些企业引入 AI 产品的主要目的是让人事工作可以更加高效、简单。正因为如此，很多人都认为，未来人事工作将会消失，大多数 HR 也会面临失业的风险。实际上，这样的看法是有失偏颇的，并且通过上述案例也可以知道，AI 并没有让人事工作消失，而是让其朝着更加高级的方向转变。

如图 1-4 所示，AI 让超市工作更高效。

图 1-4　AI 让超市工作更高效

因此，无论是 HR，还是其他领域的工作人员，都应该知道，短期内，AI 的出现会在一定程度上造成社会的“阵痛”，人类也很难阻挡某些领域的失业浪潮。不过，从长远来看，与 AI 一同而来的，还有更多的就业机会及更加高级的工作形式。

这种转变并不是意味着大规模失业，而是社会结构、经济秩序的重新调整。在此基础上，传统的工作形式会转变为新的工作形式，从而使生产力得到进一步解放，使人类生活水平得到进一步提升。

1.2 AI 如何重新定义工作

“40%的雇主无法招聘到足够的熟练工人；65%以上的年轻人将选择仍未被明确定义的工作；到 2025 年，千禧一代在全球劳动力中的占比将超过 75%；AI 正在重新定义工作……”这些都是当今时代的真实状况。

生活在这样的时代，旧的人生“脚本”必须被撕掉，与此同时，新的人生“脚本”也必须被书写，而 AI 则是其中的一个重要动力。一方面，AI 有利于大幅提升工作自动化水平；另一方面，AI 也有利于增加新的就业机会。如果对这两方面进行总结，就可以得出上面提到的一个结论：AI 正在重新定义工作。

1.2.1 大幅提升工作自动化水平

相关调查结果显示，45 年内，AI 在所有任务上超越人类的概率是 50%，并且会在 120 年内将人类所有的工作自动化。的确，有了 AI 以后，很多工作都会实现自动化，例如，无人驾驶汽车运送货物（见图 1-5）、机器人对快递进行分类等。

图 1-5　无人驾驶汽车运送货物

2017 年 8 月，某公司将一个 AI 系统引入了核心会计引擎当中。据了解，该系统不仅可以识别发票的编码方式，还可以对下一张发票的小企业主编码位置进行预测。可见，在 AI 的助力下，忙碌的会计工作已经越来越自动化。当然，这样的现象也同样会出现在其他行业中。

那么，AI 带来的工作自动化究竟意味着什么呢？我们还以会计工作为例来说明，在客户业务中，会计人员的角色已经变成了咨询师或财务官，他们不再像以前那样总是输入数据，而是对整个流程进行监督，并对所有集成的会计系统进行管理。另外，随着 AI 的不断进步和完善，会计人员可以根据之前积累下来的大量数据，推断企业是不是会遇到麻烦，并为其提供最合适的生存和发展意见。

情况正在变得越来越紧迫，会计人员必须拥抱新的 AI 时代，同时也应该接受与 AI 共生的工作方式和价值提供方式。不过，这条路并不好走。证券经纪公司里昂证券提供的报告显示，会计人员将会看到 AI 在短期内造成的某种破坏性变化。随着行业的变化，成长阵痛期必然会有，但是对于会计行业的未来发展和全球经济发展来说，这是值得的。

之前，小型企业的发展一直是由企业级服务推动的，但是随着 AI 的兴起和发展，首席财务官可以为小型企业提供更加合理的战略性商业建议，从而大幅延长了小型企业的生命周期。这不仅有利于中国经济的不断发展，也有利于企业和会计行业的持续进步。

随着工作逐渐自动化，各个行业的工作人员都应该对 AI 引起高度重视。例如，了解其他人正在使用的以 AI 为基础的解决方案，并找到一个合适的机会将其应用到实践当中；或者是对 AI 的强大作用进行深入研究，然后据此调整和改进日常工作。

前面已经提到，咨询类工作是很难被 AI 取代的，而那些复杂、重复性的工作则可以由 AI 完成。也就是说，在 AI 的助力下，某些工作的自动化水平会有大幅度提升。对此，无论是企业还是员工，都应该感到庆幸和欣慰。

其实，在一个世纪以前，我们并不能预见 AI 会出现并获得如此迅猛的发展，但必须知道的是，这样的趋势并不会让工作消亡，而会让工作变得更加自动化。因此，那些主动利用自动化的员工将可以从中获利。

1.2.2 增加新就业机会

2016 年年底，著名物理学家史蒂芬・霍金在英国《卫报》发表文章说："工厂的自动化已经让众多传统制造业工人失业，AI 的兴起很有可能会让失业潮波及中产阶级，最后只给人类留下护理、创造类和监管等工作。"那么，AI 果真如此恐怖吗？其实并不是。

随着 AI 的不断进步和发展，一定会出现一些新兴的行业，而与之配套的，还有一大批新的就业机会。正如在互联网兴起之后，程序员、配送员、产品经理、网店客服等新兴职业也随之一同出现。

可见，我们不能片面地认为 AI 出现之后就一定会有旧事物被残忍淘汰，事实上更多的应该是 AI 与旧事物的结合。这也就意味着，之前的人力可以随着学习和训练，逐渐适应并掌握 AI，从而转移到新的行业当中。

在科技趋于完善、生产力大幅度提升的影响下，职业的划分已经变得越来越细化，与此同时，就业机会也会变得越来越多。另外，AI 的发展方向应该是"协同"人力，而不是"取代"人力。而大部分已经应用了 AI 的企业的确都是这样做的，下面以京东为例进行详细说明。

2017 年，京东成立了一个无人机飞行服务中心，需要招聘大量的无人机飞服师。这一职位的门槛其实并不是很高，只要经过系统培训，那些没有多少文化基础的人也可以胜任。

另外，值得一提的是，京东的无人机飞行服务中心是中国首个大型无人机人才培养和输送基地。对于无人机行业而言，这是一个特别大的突破。基于此，无人机在物流领域的应用率将会越来越高，整个社会的物流效率也将会有大幅度提升，在这种情况下，新的就业机会又会不断出现。图 1-6 为无人机物流示意图。

图 1-6　无人机物流示意图

可见，仅仅一个非常普通的无人机就可以衍生出一系列配套设施，以及大量的人力需求。在AI出现以后，虽然原有职位的需求会有一定的减少，但新职位的需求却会大量增加，而且，这些新增的工作不仅包括研发、设计等高门槛类的工作，同时还包括维修、调试、操作等低门槛类的工作。

这也在一定程度上说明，无论是什么样的人，之前从事过什么样的工作，将来都可以找到一个合适的职业，并不会因为学历不够而没有工作机会。通常来讲，一个行业的职业结构应该是金字塔形的，除了需要位于塔顶的高精尖人才，还需要位于塔底的普通员工，只有这样，才可以保证行业生态的健康和完整。

1.3 案例汇总：AI改变工作形式，提升工作价值

无论是亚马逊的Kiva机器人，还是AI文本挖掘、AI绘图、AI写稿等技术，都可以体现出AI正在改变工作形式，提升工作价值。基于此，很多公司也开始朝着AI进军。与AI文本挖掘、AI绘图、AI写稿相类似的技术也不断被研发出来，而这些都在一定程度上变成了促进AI发展的强大动力。

1.3.1 亚马逊 Kiva：自动化技术，4 倍效率提升

每当到了节假日，美国人的疯狂购物模式就会被开启。作为美国最大的电商网站的亚马逊，为了满足迅速送货的需求，开始将 AI 机器人引入运货、拣货的过程当中。AI 机器人的工作效率要比人类高很多，机器人运货示意图如图 1-7 所示。

图 1-7　机器人运货示意图

雷金纳德·罗萨莱斯是专门负责仓储的亚马逊员工，他的主要工作是按照订单将顾客需要的货物从货架上拿下来，然后将这些货物打包并送往下一站。不过，2014 年夏天，一个名为 Kiva 的机器人参与到雷金纳德·罗萨莱斯的工作当中，这个机器人有着方形的“身躯”及橙色的“皮肤”，看起来比较清新靓丽。

据了解，Kiva 机器人替雷金纳德·罗萨莱斯完成了很多工作，

例如，帮他将需要的货架推到面前。有了 Kiva 机器人以后，雷金纳德·罗萨莱斯的工作效率有了很大的提升，之前要花费数小时才可以完成的工作，现在已经缩减到几分钟。对此，雷金纳德·罗萨莱斯表示：“我不需要说任何话，也不需要下达任何指令，这些机器人就可以更加高效地完成工作。”

虽然 Kiva 机器人的工作看起来非常“单调”，但亚马逊方面表示，在 Kiva 机器人的帮助下，每一笔订单都可以节省很多时间，有的甚至已经达到小时级。另外，值得一提的是，在特雷西运营中心，像 Kiva 机器人这样先进的机器是十分常见的。

从工作人员将包裹从卡车上卸下放到传送带上开始，亚马逊仓库里的货物就有了“生命”。在传送带旁边，一共站着 25 名工作人员，他们的主要任务是将传送带上的包裹取下来；然后，其他工作人员就会把包裹打开，再放到手推车里面；接下来，还会有专门的工作人员把手推车推走，并将车里面的货物摆放到货架上。

这些货物从表面上看好像是随机出现的，但其实是由计算机算法控制的，只不过结果并没有什么实质性的区别。在特雷西仓库的货架上，还是很可能会出现玩具、荧光带、书籍并排摆放的现象。

最后，就到了 Kiva 机器人“大显身手”的时候了。那么，特雷西仓库里的 3000 个 Kiva 机器人究竟是如何运作的呢？其实比较简单，这些 Kiva 机器人会先移动到所需的货架底下，然后将宽 4 英尺、承重 750 磅的货架层提起来。

因为 Kiva 机器人是通过条形码来对货架上的货物进行追踪

的，所以，当有订单的时候，它们可以将与订单相符的货架提到负责拣货的工作人员面前。另外，据亚马逊全球业务和客户服务高级副总裁戴夫·克拉克透露，以前从拣货到发货需要一个半小时，而现在已经缩短为15分钟，与此同时，相关费用也有了大幅度减少。

Kiva 机器人被认为是当下最先进的机器人之一，之所以会这样，主要就是因为Kiva机器人拥有一项非常独特的技术，它们可以沿着亚马逊仓库地板上的条形码移动，从而避免出现相互碰撞的现象。

那么，如果Kiva机器人操作失误了，那么应该怎么办呢？针对这一问题，亚马逊方面明确表示："我们的工程师会在几小时内找出原因并解决。而且我们绝对不会允许一个仓库中有10个机器人同时操作失误。"

亚马逊全球副总裁戴夫·克拉克曾说："Kiva 机器人负责的工作并没有特别复杂，它们只是把货架搬来搬去。"但是，虽然看上去这仅仅是一项非常小的改进，但却可以使存货取货的效率得到大幅度提升。尤其是在购物高峰期，此项改进显得尤为重要。

1.3.2 AI文本挖掘技术：律师提升工作效率

2017年11月30日，由福建省委统战部指导，福建省党外知识分子联谊会、福建省新的社会阶层人士联谊会和今日头条共同主办的"新时代·新网络·新趋势人工智能语境下的互联网大趋势"

会议在福建福州召开。在此次大会中，今日头条创始人张一鸣发表了有关AI和企业责任的演讲。

其间，福建省政协委员、福建拓维律师事务所首席合伙人许永东向张一鸣提了一个问题：AI对律师行业会有什么样的影响？

张一鸣给出了这样的回答："AI的发展对法律界的挑战，可能会有两个方面：一是新技术带来的争议，如自动驾驶、区块链技术的应用，会给法律界带来挑战，在司法界定上，可能会引发一些问题与纠纷；二是AI会成为律师工作的辅助手段，也会替代现有的一些法律工作。例如，对于法律合同的修改，AI在学习一段时间后，会自动提供修改建议；对于合同的违约条款，AI也会根据大数据的分析，对可能的风险进行自动提示，分析可能产生的冲突等。"

这里重点说一下张一鸣提到的第二个方面。确实，如果按照现在这样的趋势发展下去，那么AI非常可能成为律师的"小助手"，帮他们完成一些比较基础的法律工作。

实际上，早在20世纪90年代初期，就已经出现了用于处理离婚财产分割的断案系统——Slip-Up，该系统也被认为是"AI+法律"的前身。不过，必须承认的是，"AI+法律"并不会立刻走入市场，而是一个比较缓慢的过程，主要有以下两个原因：

（1）环境原因——计算机工作的必备基础是成熟的电子化和数据化。

（2）经济原因——人力劳动成本的大幅增加，以及科学技术的不断进步。

另外，2011 年，IBM 的核心技术 Watson 被研发出来并受到了广泛关注，从那个时候开始，人们就非常担心 AI 会让一大批律师失去工作。2016 年，IBM 又成功研发出第一位“AI 律师”，并将其命名为 Ross，而 Ross 也被安排到美国最大的律师事务所 Baker & Hostetler 工作。

虽然很多人认为 Ross 是一个机器人律师，但它的工作都是比较浅层的，例如解答律师的问题等，因此，Ross 似乎更像是一个法律咨询系统。由此来看，AI 的发展并没有创造出机器人律师，而是创造出了机器人律师助理，如图 1-8 所示。

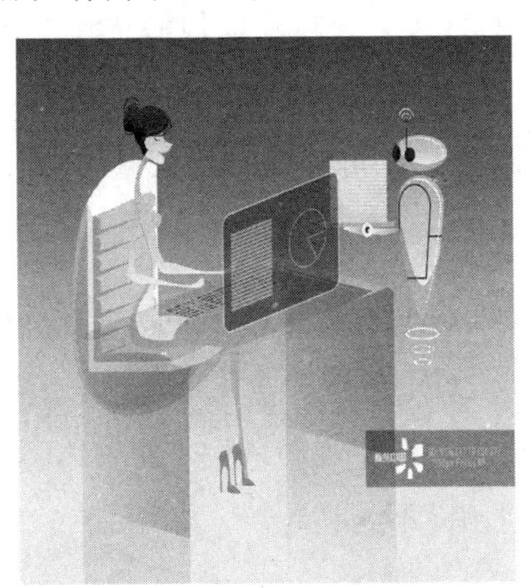

图 1-8　机器人律师助理

至少从目前的情况来看，AI 还只是参与了以下两种类型的法律工作：

（1）作为律师的工具，为律师提供更好的搜索引擎，推荐并管理相关资料和案例，从而缩短律师的工作时间。

（2）为律师和客户搭建沟通的桥梁，帮助客户了解法律知识，并为其推荐最为合适的律师。目前，中国已经有了几家提供这项服务的创业公司。

律师是一个比较紧缺的职业，一个优秀的律师除了需要扎实的知识基础，还需要多年的经验积累，而且通常情况下，在刚刚入职的时候，律师所做的工作都是琐碎并带有重复性的。另外，人们的法律意识比较薄弱，再加上聘请律师的高额费用，使得律师更难获得发展。因此，要想打破这些瓶颈，就必须有技术介入。

对于广大律师而言，AI 可以帮助他们从汗牛充栋的法律条文和资料库中解脱出来，要知道，当一个律师不再需要做阅卷、查法条等耗时长的工作时，那就可以节省出大量的时间去关注服务对象，从而发现更多具有价值的证据。

目前，中国的中小微企业数量已经超过了 8000 万个，其中不乏规模过小、经济实力过于薄弱的企业。这种企业对法律没有很深的了解，合同的审核也存在一定的风险。如果 AI 可以解决这两个问题，那么他们又何乐而不为呢？

哲学家黑格尔曾说："为律师、法官、检察官提供工作机会并不是法律的存在价值，它的存在是为人们解决问题的。"在 AI 的助力下，法律服务的方式已经有了很大的创新，与此同时，法律服务的维度也有了一定程度的拓展。未来，AI 在法律领域的作用还将被越来越多地挖掘出来。

1.3.3 AI 绘图：室内设计师开发创新性设计

在施瓦辛格主演的电影《终结者》中，有一个名为“天网”的 AI，这个 AI 除了可以引爆全球核弹，还会对人类的生存造成严重的威胁。

2016 年，AlphaGo 与围棋世界冠军李世石进行比赛，并以 4:1 的总分赢得了比赛的胜利。2017 年，AlphaGo 又与新的围棋世界冠军柯洁对战，同样赢得了胜利。也正是因为如此，AlphaGo 的围棋水平要高于人类已经成了围棋界的一个共识。

2017 年在“双十一狂欢节”，一个名叫“鲁班”的 AI 机器人设计了 4 亿张宣传海报。要知道，如果这些宣传海报全由人类设计师设计的话，则需要花费约 300 年的时间，而“鲁班”只用了一天的时间就设计并制作了 4 亿张宣传海报，甚至没有一张是完全一样的。

通过这些例子不难看出，AI 已经发展到了一个相当的高度。在这种情况下，AI 能否取代人类工作就成了一个争论的焦点。

下面接着回到本小节要讲述的内容，AI 绘图到底会不会取代室内设计师呢？实际上，前面已经提到，AI 可以取代那些重复性的人力劳动，这是一件可以预见，甚至已经发生的事情。对此，可能一部分人认为，室内设计并不是重复性的劳动，而是脑力创造性的劳动，但如果仔细分析室内设计师每天在做的工作，那么我们就会发现事实也许并不是这样。

一个室内设计师如果不想也不愿意花太多时间和精力去洞悉客户需求的话，那他就很可能会受到AI的威胁。因为他的工作还只停留在数量这一浅显层面，而这只要通过一定的时间累积就可以完成。这和“鲁班”取代了淘宝设计师的工作是一样的。

当然，最近这些年，专门为室内设计师研发的设计软件层出不穷，美其名曰“可以在解放生产力的同时提高设计效率”。而这也引起了室内设计师的担忧，因为设计软件只需要拖拽几个模板，然后将其组合在一起，就可以生成一份有模有样的设计，而且也可以直接交给客户。如果客户不满意的话，只要重复上面的步骤，就又可以生成另一份设计。

不过，必须承认的是，这样搭积木式的设计方式虽然可以使效率得到大幅度提高，但室内设计师本身的价值却无法体现出来。

从本质上来讲，设计其实是一个发现问题、分析问题、解决问题的过程，而不是最终呈现的一个作品。正如全球著名室内设计师梁志天所说：“我觉得我是一个生活的设计师，我所做的种种工作其实跟人的生活有很大关系。设计是共通的，都是把人们当代的生活在设计里反映出来。”

一个优秀的室内设计师，应该与自己的客户进行深度沟通，并在此基础上提供一份最理想的设计方案，而这个设计方案要能够体现客户自身的独特品质。此外，一份优秀的设计方案还要体现自主意识，而不能只是通过对模板进行拖拽来敷衍了事。

对于AI而言，其中的人文体验是一个极大的挑战，毕竟现阶段的AI还无法拥有人类的情感，而这也正是室内设计师应该牢牢把握住的一个突破点。

一方面，AI很有可能会取代那些重复性的工作；另一方面，AI其实也能起到辅助作用。例如，在AI的助力下，90%左右的重复性机械工作都不需要由室内设计师亲自完成，这既有利于工作量的大幅度减轻，又有利于工作效率的大幅度提高。在这种情况下，室内设计师就可以有更多的时间和精力，去做一些更有创造性和价值的工作。

可见，AI不仅不会让室内设计师失去价值，还会进一步激发室内设计师的创造力，所以每一位室内设计师都应该积极拥抱AI，而不是将其拒之于千里之外。

1.3.4 AI参与新闻报道：记者有精力进行深度报道

随着信息爆炸、社交媒体崛起、多平台分发等新趋势的不断加强，新闻记者这一职业的压力和挑战越来越大，各种个人助理软件兴起并被用到新闻记者的工作当中。

相关数据显示，一名新闻记者需要熟练使用3～5种个人助理软件，以及 1～3 种文档处理与云储存软件。不过，从新闻记者的角度来讲，这些软件虽然提高了工作效率，但也把工作场景割裂到了一个个互不相通的界面上，过多的软件其实也给新闻记者的工作带来了很大的困扰。

部分新闻技术的研究机构希望可以通过 AI 来解决这一问题。那么，AI 究竟可以为新闻记者做些什么呢？从技术种类上看，AI 可以进一步整合散乱的应用场景，甚至可以帮助新闻记者完成次要劳动，主要体现在以下 3 个方向：

（1）语音交互有利于提高记者与应用之间的交互效率。

（2）机器阅读技术带来的问答系统，有利于新闻记者对资料和信息源进行瞬时验证。

（3）自动写稿机器人可以在 24 小时内不休息，快速收集新闻资料，及时编辑新闻稿件，提高新闻内容的时效性，而且还可以帮助新闻记者完成一些机械劳动，从而缓解其工作压力，如图 1-9 所示。

将上述技术能力落实到现实场景中，我们可以将 AI 的工作内容总结为以下 3 个方面：

1. 写稿好帮手

目前，在很多突发新闻中，最先写好稿件并完成报道的“新闻记者”往往是写稿机器人，这让那些人类新闻记者都自愧不如。不过，不少专家学者认为，写稿机器人的能力还比较单一，写稿机器人只能通过算法对信息源和资料进行整合，进而形成一篇完整的新闻报道。如果从这个角度来看的话，那么让 AI 取代新闻记者的工作还为时尚早。

图 1-9　机器人凌晨 3:15 努力编辑新闻内容

但是，让写稿机器人去做一些不需要新闻记者处理的琐碎工作（例如，将媒体稿件整理成社交网络稿件，将同一篇稿件整理成不同风格的稿件，把现场发言整理为稿件……），却是一件好事。毋庸置疑，将这些缺乏创造性的琐碎工作交给 AI 去做，是每一位新闻记者都非常愿意的。

2. 带有语音能力的工作助理

对于广大新闻记者而言，最头疼的事情莫过于大量的活动、频繁的采访和复杂的会议安排。在完成这3件事情的过程中，他们会被各种各样的信息源包围，而如何整合这些信息源，从而得出更加准确的新闻报道，则是AI能够解决的重点问题。

3. 问答机器人

随着社交网络时代的到来，新闻报道对瞬时性的要求也有了大幅度提高，甚至已经到了史无前例的状态。于是，如何在迅速出稿，争分夺秒的同时避免出错，就成了新闻记者必须解决的问题。

在很早以前，新闻记者会通过搜索的形式来验证资料和信息源，但这是非常不可靠且低效的。如果有了AI问答机器人，新闻记者就可以用最快的速度对资料和信息源进行验证。与此同时，AI问答机器人还可以为新闻记者提供专业知识方面的问答服务，从而进行更好的新闻报道。

可见，让AI成为新闻记者的助理似乎已经是一件越来越可行的事情。当然，也有很多媒体机构开始在这上面积极布局，美联社和《纽约时报》就是其中极具代表性的两个。

在很早以前，美联社就开始使用机器人Wordsmith发布企业财报，并让其承担大部分编辑工作，从而大幅度提升了工作的质量和效率。《纽约时报》研发的机器人Blossomblot可以帮助编辑挑选出潜在的热文，相关调查结果显示，那些经过Blossomblot挑选的文章，无论是点击量还是阅读量，都比普通文章高出很多。

当然，除了美联社和《纽约时报》的案例，还有很多比较经典的案例，例如，《洛杉矶时报》使用智能系统处理地震突发新闻；《卫报》使用机器人对网络热文进行筛选；路透社使用智能解决方案帮助编辑审核文章。

由此可见，AI 的重要性已经得到了一大批媒体机构的认可，但 AI 在应用中也存在某些问题。最明显的一个就是，由于不同的科技公司采取了不同的策略，所以至今还没有出现一个能够整合多种能力并为新闻记者提供一站式服务的专业级应用。要知道，让新闻记者在几个应用间来回切换，是一件非常不符合职业习惯的事情。因此，对于新闻记者来说，整合型 AI 产品堪称刚需。

总而言之，在试图取代新闻记者的工作之前，AI 的主要任务应该是提高新闻记者的工作效率，保证报道的准确性和完整性。如果 AI 真的能够顺利完成这一任务，那么新闻记者的工作压力就会越来越小，与此同时，被 AI 抢走工作的担忧和恐惧也将不复存在。

第二章

AI 融入工作流程：提高工作效率，改善工作效果

目前，在消费升级和产业升级的推动下，AI 已经走进了人们的生活和工作，例如智能语音识别、无人驾驶的智能汽车等。而这又会产生什么样的影响呢？从工作的角度来看，将 AI 融入工作流程以后，工作效率会有大幅度提升，工作效果也会有明显改善。也正是因为如此，越来越多的企业已经引进了 AI 这一项新兴技术。

2.1 AI 数据管理流程

AI 可以管理数据，这一点是毋庸置疑的，不过对于大多数人而言，可能他们并不知道 AI 究竟是如何管理数据的。其实 AI 管理数据的过程并不是非常复杂，其具体遵循以下 4 个流程：数据采集、数据分析及处理、优化模型、提升商业价值。

2.1.1 数据采集

俗话说："巧妇难为无米之炊。"AI 要对数据进行管理，第一步就需要采集数据。而数据采集的准确性和完整性，也在很大程度上决定了数据应用的真实性和可靠性。通常来讲，在 AI 时代，数据采集的特点如图 2-1 所示。

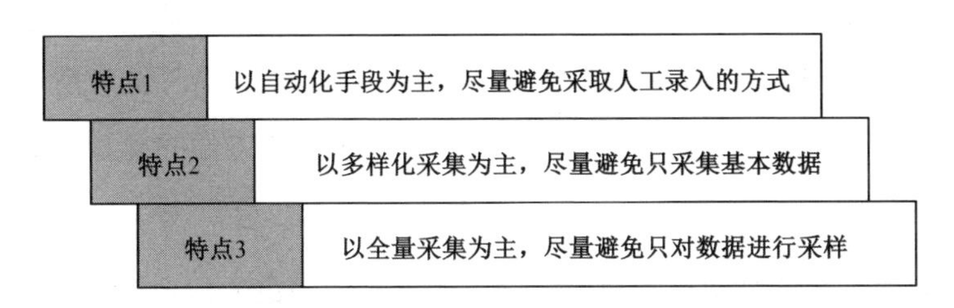

图 2-1 AI 时代数据采集的特点

1. 以自动化手段为主，尽量避免采取人工录入的方式

在很早以前，数据采集方法有以下几种：人工录入、电话访问、调查问卷等。而随着 AI 时代的到来，数据采集方法已经发生了明显的变化。从目前的情况来看，使用最多的应该是苹果系统或安卓系统的数据采集软件，这些软件可以帮助采集某些基础数据，例如用户数量、流失比例、使用时长、活跃情况等。此外，在大规模采集数据时，网络爬虫也是使用非常广泛的一种方法。

2. 以多样化采集为主，尽量避免只采集基本数据

在数据采集的过程中，AI 除了会采集基础的结构化交易数据，还会采集一些更加具有潜在意义的数据，例如网状的社交关系数据、文本或音频类型的反馈数据、半结构化的用户行为数据、周期性数据、互联网数据等。

3. 以全量采集为主，尽量避免只对数据进行采样

在制造业领域，最常见的数据采集装置是传感器，主要用于自动检测、控制等环节。目前，以传感器数据为基础的大数据应用还并未成熟。但在未来，随着“携带传感器+大数据平台”的智能设备的不断增多，智慧城市、智能办公、智能医疗等方面的前景也将越来越广阔。

可见，无论是数据采集的方法，还是数据采集的数据类型，或是数据采集的广泛性，都比之前有了很大的提升。而 AI 在这之中发挥的作用也是不能被忽视的。

2.1.2 数据分析及处理

AI 数据管理的第二个流程是数据分析及处理，对于这一流程来说，最重要的两个基本原则如图 2-2 所示。

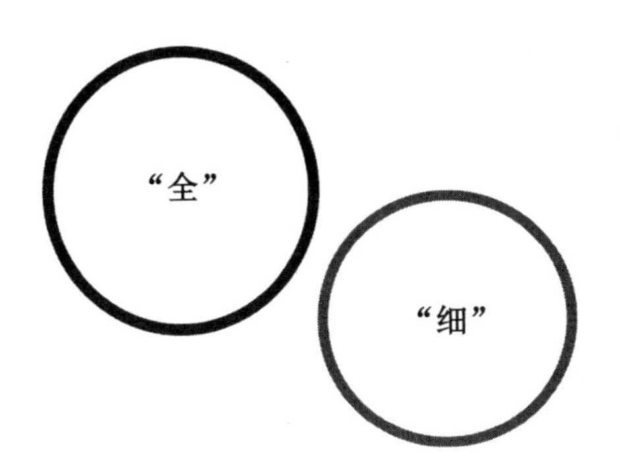

图 2-2　数据分析及处理流程的两个基本原则

1. “全”

“全”指的是不应该只采集一个客户端的数据，而是应该采集多个种类的数据，例如服务端的数据、数据库的数据等。在进行分析和处理时，如果数据采集不全的话，那么就会对结果产生非常严重的影响。

另外，在大数据里，我们看重的并不是抽样，而是全量。换句话说，不能只采集了某个省份的数据，然后就认为全国的都是这样。因为有些省份比较特殊，其数据并不能代表全国的实际情况。

2. “细”

“细”强调的应该是多维度，即把每一个维度、属性、字段的数据都采集起来。例如，如果采集了各个维度的数据，那么在对其进行分析和处理时，就不会只局限于单一的维度，从而在一定程度上保证了结果的科学合理性和准确性。

在上述两个基本原则的助力下，数据分析及处理流程可以顺利且高效地进行，而这也是 AI 可以提高工作效率和质量的一个主要原因。

2.1.3 优化模型

AI 数据管理的第三个流程是优化模型。通常，优化模型发生在以下两种情况中：一种是在评估模型中，如果模型出现欠拟合或者过拟合的情况，那么这就表示这个模型是需要得到优化的；另一种是在真实应用场景中，如果模型出现效果欠佳的情况，那么这就表示需要对这个模型启动优化。这里所说的模型优化主要有如图 2-3 所示的几种类型。

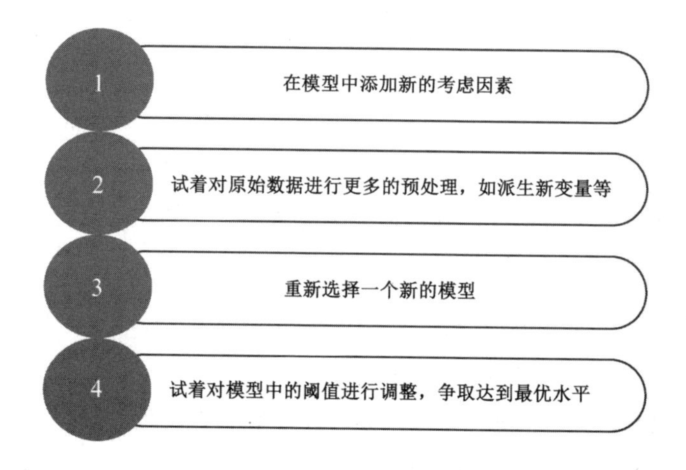

图 2-3 模型优化类型

一般来讲，在对不同模型进行优化时，所采取的具体做法也是不一样的。以分类模型的优化来说，为了使精准性与通用性达到一种平衡的状态，我们就需要对一些阈值进行进一步调整；以回归模型的优化来说，我们需要考虑异常数据对模型的影响，同时还要进行非线性和共线性的检验。

当然，通过元算法实现模型的优化也是没有问题的。简单来说就是，通过对多个弱模型进行训练，来完成一个强模型的构建，从而使模型产生最好的效果，这和“三个臭皮匠顶一个诸葛亮”是同样的道理。

实际上，模型优化指的不仅仅是对模型本身进行优化，同时也是指对原始数据进行优化。如果原始数据可以得到有效的预处理，那么其对模型的要求就会有一定程度的降低。

这也就表示，当尝试的所有模型都没有取得好效果时，很有可能是因为采集来的原始数据并没有得到有效的预处理，当然，也可能是因为没有找到合适的关键因素。

必须知道，适用于所有业务场景的模型是根本不存在的，同样，适用于特定业务场景的固有模型也是不存在的。好的模型都是经过优化得来的，而这也在一定程度上体现出了 AI 对相关业务的强大作用。

2.1.4 提升商业价值

AI 数据管理的最后一个流程是提升商业价值，实际上，与其说这是一个流程，倒不如说这是一个结果。2016 年，李开复在清华大学做了一次演讲，他在演讲中说道："AI 的黄金时代来了。"的确，现在的 AI 机器已经具有视觉、语音、语言这 3 个感知功能，在这 3 个感知功能的助力下，AI 机器人可以带来巨大的经济效益，从而实现其商业价值的提升。

在医学、农业、工业等多个领域，AI 可以带来巨大的商业价值。以医学领域为例，AI 机器人的长手臂可以进入人体内部，从而采集更多更加精准的人体数据；同时，AI 机器人也可以帮助医生更精准地做一些微创手术，如图 2-4 所示。在这一方面，华盛顿儿童医院就做得非常不错。

在华盛顿儿童医院，由于 AI 机器人的手臂要比医生更长，也更灵活，所以 AI 机器人就承担了很多工作。例如，帮助医生做一些比较复杂的手术，获得人类难以获得的医学图像，进入人体内的狭小空间采集数据，获得更加清晰的医学信息图等。

当然，除了医疗领域，AI 也可以为企业带来商业价值。在企业中，将云计算与 AI 结合在一起，可以帮助企业进行大数据分析。另外，AI 也可以与虚拟技术结合在一起，这样，企业就可以通过云端来了解客户的真正需求。

图 2-4　AI 是医生的好帮手

如果把 AI 应用到产品生产中，那么企业的生产效率就会显著提高。例如，德国的汽车企业就通过 AI 实现了生产的全自动化——无论是喷漆手臂、焊接手臂，还是螺丝电灯安装手臂，都是自动化的。

实际上，很多领域都已经向更高层级的智能化迈进，这在改变供应链的同时，不仅可以优化相关服务，还可以提升商业价值。

 2.2　AI 如何提升企业行政管理工作

在任何一家企业中，行政管理工作都可以发挥出类似于润滑剂的作用。没有了润滑剂，企业运转可能就不会太顺畅。不过，因为

这样的作用是比较虚拟的，所以很多企业并不会对此十分重视。而自从 AI 融入企业行政管理工作以后，情况就有了明显改善，这使得企业整体规划更加科学合理，组织运行更加具有保障。

2.2.1 借大数据把控大局，便于整体规划

在很多专家学者看来，大数据不仅可以对企业价值链进行优化，实现效率的最大化，而且更重要的是，通过这些数据，企业可以深度分析价值链上的各个环节，实现业务创新，从而将价值链带到一个更高的价值空间中。

例如，福特企业生产的电动车可以在驾驶和停靠的时候产出一大批数据，这些数据对驾驶员和福特企业都是非常有用的。

从驾驶员的角度来看，这些数据可以帮助驾驶员更好地了解车况、调整驾驶、及时维修，如果再与路况信息结合在一起的话，那么还可以指导他们选择一条更加合适的行驶路线。

从福特企业的角度来看，工程师可以在这些数据的基础上设计并研发出更受客户喜爱的产品。同时，福特企业的维修部门和服务部门也可以根据这些数据提供更加优质且便捷的服务，从而提升客户满意度。

如今，很多企业都已经意识到大数据的能量是无穷无尽的。一方面，企业利用大数据可以使自身的运作效率得到大幅度提高；另

一方面，企业可以在大数据的基础上制订规划，并进一步促进自身业务模式的转型。

另外，对于之前那些门槛高且难以进入的行业来说，无论是拥有了相关数据，还是对数据进行了整合，都有可能推动行业的重新洗牌。

实际上，利用大数据开拓出新市场疆域的中国企业正在变得越来越多，这些企业已经成功找到了新的蓝海。阿里巴巴就是一个非常具有代表性的一家企业。

在大数据的助力下，阿里巴巴正在从电子商务企业转型成为金融企业、数据服务企业和平台企业，并对物流业、制造业、电子商务业、零售业、金融业产生了极为深刻的影响。

自从阿里巴巴成功转型以后，这些行业的“游戏规则”就已经发生了很大改变。阿里巴巴也通过对大数据的充分利用，建立并巩固了自己在中国商业领域的优势地位。未来，在阿里巴巴的领导下，越来越多的企业将会积极进军大数据领域。

2.2.2 借云计算配置资源，保障组织运行

目前大多数企业都存在内部资源被过度配置的问题。不过，这些企业根本没有意识到该问题带来的严重影响。

现在，大多数企业仍然使用以容量为基础的模型，并试图对未

来几年所需要的容量进行预测，但预测结果通常是不准确的。而新技术则可以提供更加清晰的现实世界消费图景，同时也可以提升预测的准确性。

这里所说的新技术就包括与AI有着密切联系的云计算。当然，除了上述提到的作用，云计算还可以发挥一些其他的作用，主要包括以下几个方面。

1. 云计算服务获得更多黏性

如果企业的服务平台变成公共云的话，那么从一个云计算提供商转移到另一个云计算提供商并不会产生很大的差别，因为企业可以在价格的基础上选择一个最合适的云计算提供商。另外，值得一提的是，将更多的应用程序组件外包给云计算提供商，会给企业带来一个不可忽略的副作用：其对云计算服务的黏性将会有大幅度提升。

2. 应用程序优化驱动更改

进入2018年以后，利用云计算、采取平台即服务解决方案的企业变得越来越多。在平台即服务解决方案的影响下，企业希望可以把自己部署的一些应用程序转移出去，以便尽快开始使用云计算数据库即服务平台。此举可以使企业的应用程序得到一定程度的优化，而且还可以为企业节省一大笔运营费用。

3. 节省部分额外的成本

在现代公共云中，不少软件许可证的携带便捷性有了很大的提高，而这也对云迁移的总拥有成本预测产生了很大的影响。如果企业确实拥有便携式许可证，而且其中的数据也没有计入总成本当中，那么就很可能会失去节省比较可观的潜在成本的机会。

在某些情况下，与重新从云计算提供商那里获得许可证的成本相比，将许可证导入云端的成本更低，有时甚至可以低80%以上。节省下来的成本就可以用到组织运行的保障工作中。

由于云计算具有上述的重要作用，所以越来越多的企业开始引入这一技术，而这也在一定程度上推动了AI在企业中的广泛应用。

2.2.3 借深度学习控制、调整各项工作

原中国南车股份有限公司董事长赵小刚曾经做过这样的预测——基于智能化制造与服务的深度学习将成为企业管理的重要方式。

在企业管理中，智能化的关系应该可以用“金字塔模型”来表示：从下至上分别是数据化层、信息化层、智能化层、深度学习层，总结下来就是，由浅入深、由基础到应用的逐层升级。

其中，信息化层的基础是可靠且准确的数据，而智能化层的基础则是可靠、准确、海量的数据。不仅如此，智能化层还会并行地对不同信息系统进行二次加工，并做出矩阵式分析，从而形成智能化的结果。

下面介绍位于“金字塔模型”顶层的深度学习层。深度学习是以海量数据、大量信息子系统、智能化为基础进行的神经网络式的计算分析，可以说是智能化的升级版，而且在一定程度上超出了人类智慧。

借助深度学习，企业可以更好地控制、调整各项工作。以产品生产工作为例，在产品生产的过程中，深度学习可以把海量数据和各方优秀工程师的经验融合在一起，同时也可以对运行一段时间的动车组或其他产品可能出现的问题进行预测。

可见，对于企业来说，深度学习的作用是非常强大的，而这也在一定程度上推动了 AI 在企业中的应用，从而加速了企业的智能化进程。

2.2.4 行政人员借 AI 选人才，促进协调发展

大多数人都会担心随着 AI 的掌控力变得越来越强，它可能会取代人类的很多工作。当然，从目前的情况来看，这样的担心还为时尚早。不过，必须承认的是，虽然 AI 不会马上取代行政人员的选人工作，但却可以为选人过程带来重大改进。

对于企业的行政人员而言，要选择一个合适的人才，必须做好如图 2-5 所示的 3 项工作。

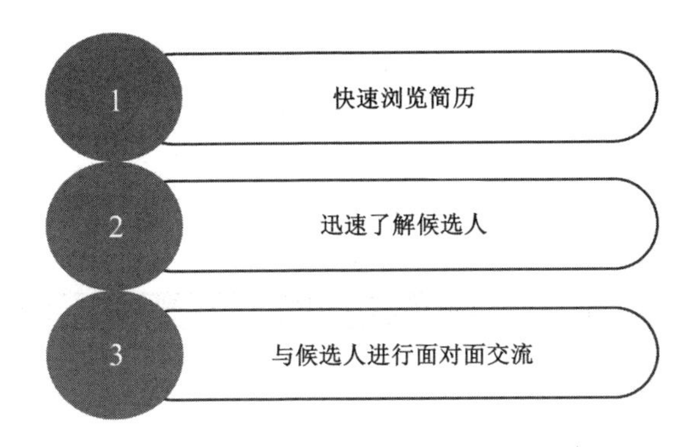

图 2-5　选择合适的人才要做好的 3 项工作

即使 AI 可以取代其中一些工作，但其也还是缺乏深入了解候选人、评估候选人与工作环境是否足够契合等方面的能力。

但是，在 AI 的助力下，部分选人环节可以更加高效地完成，例如，获得更多的候选人信息、对候选人进行筛查和突出标记。

将 AI 用到选人过程中，除了可以节省行政人员的时间和企业的资源，还可以节省候选人的时间，并降低其不确定性。

可以想象，如果一家企业可以用最短的时间对每一位候选人的求职申请做出反馈，那么这家企业就会吸引更多的候选人，找到真正合适的人才的概率也会更高，从而促进自身的协调发展和不断进步。

2.3 AI 赋能企业财务管理工作

未来的趋势已可以预见，部分企业财务管理工作将会与 AI 相结合，从而感受到 AI 赋予的强大能量。目前，已经有很多“AI+企业财务管理”的解决方案成功落地，并在企业中得到了很好的应用，例如智能票夹、智能报账、智能稽核、智能信用、智能派单、智能制证、智能税控、智能报告等，而这些方案也都是 AI 赋能企业财务管理工作的最佳体现，将会在企业中发挥非常重要的作用。

2.3.1 智能票夹：建立云票夹，采集、核检发票信息

在企业当中，财务人员的工作量是非常大的，而且很有可能会遇到各种各样的问题，其中最具代表性的有以下几个：

（1）鉴别发票真伪的难度不断提高，导致工作压力增大。

（2）整理海量发票需要花费很多时间和精力，还有可能出现失误。

（3）电子发票重复报销，财务稽核防不胜防。

（4）发票种类繁多，员工报销非常麻烦。

自从 AI 出现并逐渐兴起以后，这些问题就可以被有效解决，因为在 AI 基础上开发出的云票夹可以对发票信息进行采集及核检。

2017 年 7 月，浪潮正式推出了云票夹解决方案，而且也得到了非常广泛的关注。从发票收纳到发票归类再到发票报销，浪潮云票夹可以全程发挥作用，这样有利于对发票信息进行全面掌控。

另外，浪潮云票夹还可以随时随地、简易便捷地帮助用户管理发票，这一作用的发挥得益于云票夹的 3 个功能板块，如图 2-6 所示。

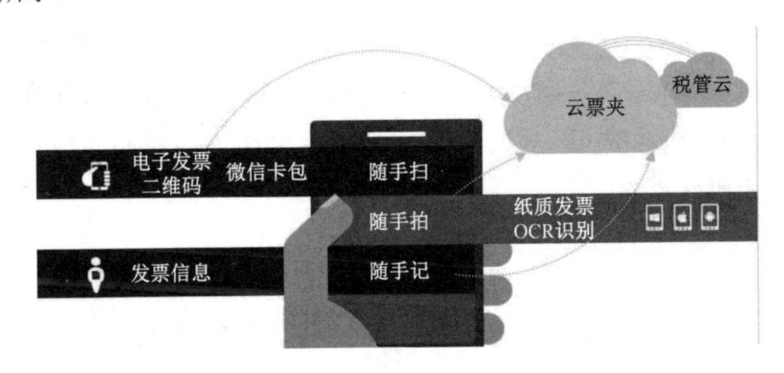

图 2-6　浪潮云票夹的 3 个功能板块

1. 随手扫

用户通过对商家的小票二维码进行扫描，可以自主开具电子发票并自动记录在电子底账库。通过税管云或微信卡包，浪潮云票夹可以自动获取电子发票，帮助用户进行发票的收纳、分类管理，报销时引入电子发票便能轻松报销。

2. 随手拍

用户可以随时随地地拍下纸质发票，并由浪潮云票夹对其进行OCR 识别，然后通过税管云和电子底账库对接，最终验证出发票的真伪。而且，浪潮云票夹还会自动收取真实的发票。

3. 随手记

通过随手记的方式，用户可以将一些特殊类型的纸质发票登记到浪潮云票夹中，这样以后再需要时就可以轻松调取。

由此可见，浪潮云票夹确实可以成为企业财务人员的好帮手，不仅可以确保发票的真实有效，而且有利于财务人员对发票进行随时随地地查询和使用。所以，无论是何种类型的企业，都应该尽快引入云票夹。

2.3.2 智能报账：简化报账流程，节省报账成本

为了与国家经济发展战略相适应，中国企业的财务管理也应该积极转型，争取获得创新发展。2017 年，中国企业的财务管理转型与创新发展已经到了一个比较成熟的状态。2017 年 4 月 19 日，一个主题为“用友云赋能中国企业”的大型会议在用友产业园召开。

在此次大会上，“用友云”正式发布并上线运营。作为“用友云”的一个关键组成部分，“用友财务云”可以为企业提供各种各

样的智能云服务，同时也可以指导和帮助企业实现财务转型。

引入了“用友财务云”以后，企业的财务管理流程就会变得越来越规范，也越来越高效。与此同时，企业财务管理的成本和风险也会大幅度降低，从而进一步提升企业财务管理工作的整体质量。

“用友财务云”为企业提供的基础服务包括两项，一项是财务报账；另一项是财务核算。这两项服务的承载平台分别为“友报账”和“友账表”。

其中，“友报账”不仅是一个智能报账服务平台，同时也是一个企业财务数据采集终端，而且，除了财务人员，企业中的其他工作人员也可以使用“友报账”。这也就表示，“友报账”可以对企业资源进行整合，并为员工提供端到端的一站式互联网服务。

另外，“友报账”也打通了申请、审批、交易、报账、支付、核算、报告等各个环节，这在很大程度上加速了数据不落地、全线上应用、全程管控的真正实现。

与“友报账”不同的是，“友账表”是一个智能核算服务平台，可以为企业提供多项服务，例如财务核算、财务报表、财务分析、电子归档、监管报送等，而且这些服务都是自动且实时的。

除了财务报账、财务核算这类的基础服务，“用友财务云”还可以为企业提供一些非常重要的增值服务，例如会计平台、会计档案、共享运营、影像等。目前，中信、正海等多家企业都引入了“用友财务云”，使自身的财务管理工作得到了进一步优化。

2.3.3 智能稽核：借深度学习提高稽核效率

由于 AI 具备比较强大的深度学习能力，因此，将其与稽核结合在一起之后，就可以使校验审核工作变得更加简便和迅速，从而大幅度提升了稽核的效率。在这一方面，美团点评就做得非常不错。

如果要问目前中国最大的 O2O 生活服务电商平台是哪一个，那么一定非美团点评莫属。在该平台上，每天都会产生大量不同类型的内容，包括视频、文字、图片等。

对这些内容进行审核，需要花费很多的时间和精力。为了改善这一情况，美团点评开始与美团云合作，希望可以共同构建一个内容安全审核平台。据相关人士透露，这是一个以自然语言处理、图像识别、深度学习等技术为基础，以 GPU 云主机等产品为支撑的平台。

2017 年，美团云内容安全审核平台就已经正式上线，并开始对外开放使用。该平台可以识别并判断不该出现在美团点评上的内容，例如涉及黄赌毒的视频、违规广告等，从而大幅度提升用户体验。

现在，美团点评上 96.7%的图片内容、99.65%的文字内容都交由美团云内容安全审核平台审核。其中，文字、图片的漏过率还不到万分之二，而且这一数据仍在持续降低。可见，在该平台的助力下，美团点评基本上已经告别了人工审核时代。

通过上述案例，其实并不难看出智能稽核在审核方面有着强大的能力。而且更重要的是，智能稽核不仅可以用于审核内容，而且也可以用于审核业务单据和财务报表等。智能稽核也已经被越来越多的企业所认可。

2.3.4 智能信用：建立员工信用评级，提高数据质量

如果企业可以对每一位员工的报账行为进行智能信用管理，并为他们评定出相应的信用等级，那么无论是数据的质量，还是财务工作的规范性，都可以有很大的提升。金蝶财务机器人 1.0 就可以为企业提供这样的服务。

从目前的情况来看，金蝶财务机器人 1.0 以机器流程自动化的应用为主，本质上是在内嵌式规则基础上的自动化。据了解，它可以通过自动化的方式，批量处理企业的某些基本财务工作，例如审核单据、收款付款、记账、纳税等。

其中，最具代表性的审单应用场景有两种：一种是以员工信用为基础的智能审核；另一种是以财务检查项为基础的智能审核。下面重点介绍第一种。

企业应该为员工评定出相应的信用等级，一般来讲，信用等级应该分为 A、B、C、D 四类。对于信用等级为 A、B 类的员工而言，他们的业务单据会由金蝶财务机器人 1.0 自动审核；对于信用等级为 C、D 类的员工而言，他们的业务单据则先要由财务共享中心的审核人员人工审核，然后由金蝶财务机器人 1.0 抽检，具体如

图 2-7 所示。

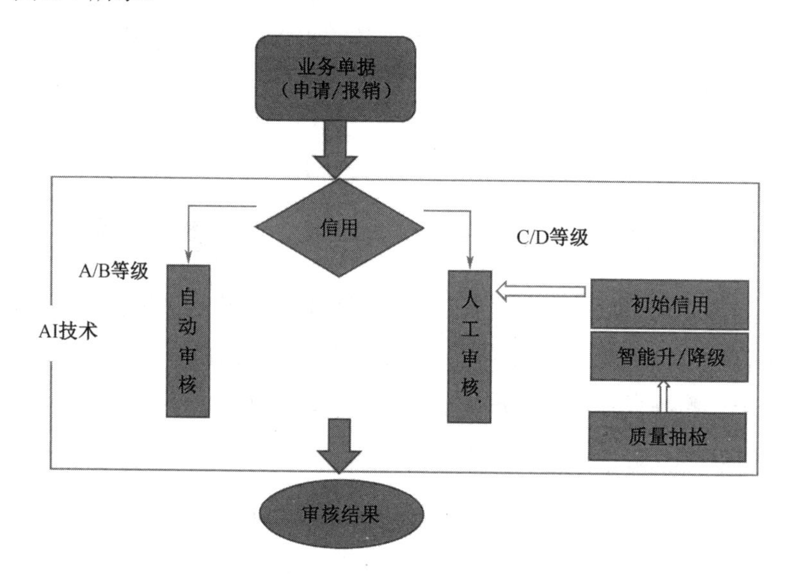

图 2-7　以信用为基础的智能审核

以信用等级为基础的审核，不仅可以缩短审核业务单据的时间，还可以提升审核业务单据的效率。同时，通过为员工评定出信用等级，并形成相应的信用档案，可以使报销行为变得越来越规范，从而实现企业财务管控的目标。

2.3.5　智能派单：支持自动派单，提升共享中心工作效率

无论是电商企业，还是零售企业，都非常重视配送这一环节。面对越来越激烈的竞争，逐渐兴起的智能派单软件似乎成为企业在

其中的一个关键助攻。

对于有配送需要的企业而言，如何降低各类成本（例如机会成本、人力成本、管理成本等）已经成为一个亟待解决的问题。然而，除了企业，配送团队、智能派单软件的开发人员也在为降低成本做着最大努力。

特别是智能派单软件的开发人员，更是一直走在创新的道路上，并致力于开发出更加优秀的智能派单软件。快跑者的开发人员就是其中的一个经典代表。

2017 年，快跑者的开发人员在收集了各种各样的需求后，通过产品的规划，已经完成了智能派单的前两个阶段，并顺利走向了最为关键的第三阶段。

当然，快跑者的智能派单虽然还没有正式上线，使用快跑者的配送团队也不能对这一功能进行体验，但一波预热却是十分必要的。有了智能派单以后，同城配送的一些难题就可以被有效解决，最后一千米配送的痛点也可以被尽快消除。

智能派单的工作模式如下：配送系统在大数据分析、智能定位、信息识别等技术的支持下，能够自动处理与订单相关的工作。具体可以从图 2-8 所示的几个方面进行说明。

随着无人送货车、无人超市、AI 电器等智能化新事物的出现，很多有配送需要的企业希望可以实现自身的智能化，对智能派单充满期待。智能派单虽然还没有正式上线，但却给一些企业带去了美好的希望和期待。

订单智能录入	系统可以根据客户下单的情况自动将订单录入统计系统
订单智能分配	系统结合大数据分析和智能定位技术，将订单分配到抢单群或者配送员
订单智能结算	系统通过AI技术对订单进行智能结算
配送路线规划	系统根据智能定位，可自动定位商家、配送员、客户的位置，并规划最优路线

图 2-8　智能派单的工作模式

2.3.6　智能制证：借智能会计引擎提高制证效率

随着时代的不断发展，企业的会计系统也实现了自身的升级，最明显的变化是各工作系统中后置一个“智能会计引擎”。那么，“智能会计引擎”到底是什么呢？实际上非常简单，它就相当于工作系统与会计系统之间的一个连接器，其功能是对财务人员手工录入的凭证信息、工作交易产生的凭证信息进行自动收集，然后在会计规则的基础上，将这些凭证信息生成明细账、总账、会计报表等，如图 2-9 所示。

在财务工作中，“智能会计引擎”类似于一个做账机器人，可以像财务人员那样起到“做账”的作用。由此带来的好处主要有以下几个：

1. 实现会计配置的界面化

只需要对会计规则模型进行修改，便能实现工作系统的修改，这有利于加强财务人员对工作系统的控制。

图 2-9　智能制表

2. 简化财务流程

有了“智能会计引擎”以后，会计分录就不必再配置到每个系统中，从而极大减少了系统重复建设。

3. 建立统一多维数据标准

“智能会计引擎”有利于建立统一多维数据标准，这不仅可以保证财务报表和工作分析的一致性，还可以使成本核算和事后审计变得更加简便快捷。

4. 提升系统的灵活性

系统不再需要对会计问题进行深入考虑，会计系统也不会对工作系统的迭代升级产生任何影响。

5. 实现工作的异步处理

“智能会计引擎”可以增加系统的吞吐量，更重要的是，还可以加快系统响应客户需求的速度。

最后，还有一点需要说明的是，在“智能会计引擎”的基础上，很多凭证都可以自动生成，从而提升财务人员的核算效率及核算质量。

2.3.7 智能税控：智能预警，规避逃税、漏税行为

2017年9月6日，以“开票，不将就”为主题的“百望金赋·数族科技·商米科技战略合作发布会”在北京正式举行。在此次发布会上，“智能税控POS”和先进的融合解决方案被正式推出，并开始对外开放使用。

“智能税控POS”是由商米科技、数族科技、百望金赋三方强强联合，共同推出的一个开票机器。其作用主要包括以下几点：

（1）解决企业经营管理相关环节的痛点，尤其是越来越突出的开票问题。

（2）简化开票流程，实现真正意义上的支付即开票、订单即开票。

（3）提升开票的效率。

据了解，“智能税控POS”是以互联网和云计算为基础，集“单、人、钱、票、配”全流程运营能力为一体的开票工具。另外，除了收单，这更是一个可以直接管理发票的POS机，它可以提供某些一站式增值服务，例如收银、会员、金融、排队等，从而大幅度提升开票体验。

“智能税控POS”是一个集结了最强智能硬件、税控系统、融合平台的“神器”，这也是该“神器”可以具备如此强大功能的主要原因。

税控系统是“智能税控POS”的一个重要组成部分，因此，“智能税控POS”也在一定程度上防止了逃税、漏税行为的出现，从而助推中国税务事业的发展。

2.3.8 智能报告：整合财务大数据，辅助企业智能决策

AI可以对财务大数据进行进一步整合，并在此基础上自动形成财务分析报告，以帮助企业做出更加科学合理的财务决策。

从目前的情况来看，随着AI的不断进步和完善，越来越多的企业将其设定为未来发展的方向，诺基亚就是其中比较具有代表性

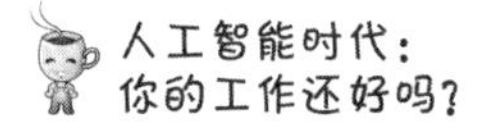

的一个。

2017 年 9 月，诺基亚首席财务长 Kristian Pullola 明确表示：“我们希望可以用 AI 替代财务人员来撰写财务报告。”这意味着，在诺基亚的设想中，企业将用算法进行财务预报，并利用 AI 改善财务报告流程。

一旦这样的设想变成了现实，诺基亚的财政工作效率不仅会比之前有很大的提升，其财务人员的数量也会有明显减少，更重要的是，其在人力资源方面的花费也会变得更少，从而降低诺基亚的整体成本。

其实，虽然 AI 使人类的不可替代性遭受了前所未有的威胁，但同时也为人类带来了巨大的便利和利益。我们不应该一味地排斥 AI 这一新生事物，而是应该以积极的心态勇敢去接受。

2.4　AI 赋能，创新企业人事管理工作

科技赋能人事管理工作虽然早已经不是新鲜话题，但仍然是热门话题。在未来世界里，创新将会成为企业生存发展的不二法门。《HR 的未来简史》一书中也写道：“今天企业创新的形态已经不仅是产品创新和技术创新了，还包括战略创新，服务、组织与制

度创新，管理创新，营销创新和文化创新等。"创新的核心是"人"，企业的工作重心是"人事管理"。如何做好人事管理工作，并使其不断创新，是每一个企业都应该认真思考的问题。

2.4.1 管理内容：智能分析员工特性，促进人岗协调

费里曼是一家在线房地产服务企业的创建人，在最开始的时候，他的企业只有十几名员工，随着企业的发展壮大，经常需要短时间内招聘一批新员工。这样的情况让费里曼很是头疼，面对着如此大量的简历，他常常感到手足无措。

不过，自从 AI 出现并兴起以后，解决方案也应运而生。通过对求职者在上班第一天可能会做的事情进行线上模拟，AI 可以使简历审查工作变得更加简便和快捷。此外，AI 还可以分析求职者的特性，并在自然语言处理、机器学习等技术的助力下，为求职者建构一份个人心理档案，从而准确判断这位求职者是不是与企业文化氛围相契合。

举一个比较简单的例子，AI 可以通过评估求职者喜欢使用哪些词语，如"请""谢谢""您"等，去判断其同理心和接待客户的能力，同时，AI 也可以帮助招聘人员衡量求职者在此次面试中的表现。据费里曼透露，"在引入了 AI 之后，我们可以在很短的时间内从 4000 名求职者中挑选出最合适的 2%至 3%的人选。"

实际上，AI 不仅可以应用于招聘工作，还可以帮助企业分析

员工与岗位之间的契合度，从而进一步促进人岗协调。当然，在人事管理工作中，AI 也并不是完美无缺的，但取得的效果一定比全靠人力更好。

2.4.2 管理形式：借大数据动态管理，发挥员工价值

试想一下，如果企业不仅可以借助大数据对员工的积极性和主动性进行预测，同时还可以评估员工的能力及其所做的贡献，那么情况会变得如何呢？HighGround 是美国的一家软件企业，一直致力于提高员工工作的积极性。

2015 年，HighGround 创建了一个可以从员工的交流中挖掘数据的系统，有了该系统以后，企业中每一位员工的情况都可以被清晰地展示出来，从而促进企业人事管理工作的顺利进行。

此外，这个系统还允许客户留下反馈。对此，HighGround 方面表示，与客户反馈相关的数据可以大幅度提升企业员工的能力和积极性。同时，领导层也可以根据这些数据找到一个最佳的运营策略。

必须知道，如果员工对工作没有充足的积极性，那么就会对企业的内部运营产生严重影响，当然，这也会对企业的外部业务产生不良影响。现在，通过老套的绩效考核来激发员工的积极性，从而使其发挥更大的价值，已经不能取得非常好的效果，采用新技术和新交流软件才是更好的方式。

不过，在采用新交流软件时，为了保证其在员工中的采用率，企业应该把交流软件设置得易于访问和使用。这样员工就可以简单地把交流软件安装在他们的手机上，然后通过交流软件互相学习并了解客户反馈，从而尽快提升自己的能力和价值。

实际上，除了上面已经提到的好处，HighGround 的数据挖掘系统还可以帮助企业发现那些潜在的高级人才，从而进一步优化企业的人才建设。可以说，借助新的交流和数据分析软件，企业可以对员工有更深的了解，这也将成为企业激发员工积极性和价值的重要依据。

2.4.3 管理策略：给予员工自主权，提高满意度

以前，很多企业的策略都是由领导层制定的，而员工只能毫无怨言地执行。不过，必须承认的是，任何策略都不是一开始就可以制定合理的，而是必须在实践中边执行边不断调整和优化的。

通过数据分析、自然语言处理等技术，AI 可以掌握员工的一些想法和意见。把这些想法和意见融入企业的策略中，不仅有利于确保策略的科学性和合理性，还可以在一定程度上赋予员工自主权，从而提升他们对策略的满意程度。

无论在什么时候，激发和整合员工的智慧来制定策略，推动企业变革，并解决业务开展过程中的各种问题，都是一个很好的办法，而 AI 则为这个办法提供了强大的技术支撑。

另外，对于领导层而言，只有用这样的办法制定策略，才可以使企业的业务随着复杂、快速的环境变化而实时变化，也才可以赋予员工应对变化、推动变革、解决问题的强大能力。

2.5 AI与企业程序设计人员工作

自从AlphaGo三连胜围棋天才柯洁以后，AI就被神化到了一个相当的高度，越来越多的人开始相信 AI 将会取代人类的大部分工作，从而导致大量失业。那么，作为在IT行业中的一批必备人员，程序设计人员也会被取而代之吗？如果真的被取而代之，那么有没有可以成功逆袭的方法呢？本节就对这两个问题进行深入分析。

2.5.1 冲击低级“码农”：“码农”被裁成常态

很多人认为，“码农”（程序设计人员）这一职业是不会被AI 取代的。如今看来，部分“码农”似乎已经可以编一段代码帮自己写程序，针对这一情况，真不知道是应该为他们感到高兴还是悲哀。

2017 年，彭博和英特尔实验室的研究人员明确表示，世界上第一个可以自动生成完整软件程序的 AI 机器人已经正式诞生，而且还有一个专属名字——“AI Programmer”。

从那时开始，这个低级“码农”也许都无法完成的工作，就可以正式交给“AI Programmer”了。由于“AI Programmer”的工作基础是遗传算法和图灵语言，因此，可以完成各种类型的工作。

当然，“AI Programmer”也存在或多或少的局限性，其中最突出的是不适用于 ML 编程。对此，相关专家表示：“在考虑 ML 驱动程序生成的未来时，我们需要放弃和重新考虑典型程序语言创建的方法。”

从目前的情况来看，“AI Programmer”还处在初级阶段，可以对低级“码农”造成冲击，但仍然无法撼动中高级“码农”的地位。这也从一个侧面反映出，如果将来 AI 真的可以实现自动编程，那么低级“码农”就要做好被裁的准备。最后，必须强调的是，这并不是危言耸听，而是在大趋势基础上做出的精准推测。

2.5.2 高级 AI 科学家成为稀缺资源

2017 年 12 月，腾讯研究院与 BOSS 直聘联合发布了《2017 全球人工智能人才白皮书》（以下简称《白皮书》）。《白皮书》显示，目前在全球范围内，AI 领域的科学家数量大概为 30 万人，而市场需求量却已经达到了百万级。而且全球共 300 多所设有 AI 研究方向的高校，每年提供给 AI 领域的毕业生才刚刚超过 2 万人，根本无法满足市场对 AI 科学家的巨大需求。

因为受到这种供需关系极不平衡的影响，企业对 AI 科学家的拼抢也变得越来越激烈。为了招徕更多的 AI 科学家，企业并不吝惜为他们提供百万元甚至千万元的年薪。

提及出现供需关系不平衡现象的原因，深鉴科技的首席执行官姚颂说："这是由于 AI 在 2013 年以前是达不到实用指标的，所以很多 AI 相关专业的学生毕业以后就转行做搜索、推荐等，留在视觉、语音等 AI 相关行业的人非常少。这也导致了现在，很难直接找到已经有工作经验的 AI 人才。"

的确，在 AI 成为行业标配的同时，AI 科学家也变得可遇不可求。对此，汇医慧影联合创始人兼首席执行官郭娜表示："人才稀缺对 AI 创业公司来说是个普遍问题，但相信在未来两三年，求职市场会涌入大量 AI 人才，人会越来越好招。"

其实，说了那么多，究竟哪种类型的 AI 科学家才是最稀缺的呢？在回答这个问题之前，我们必须先了解 AI 科学家的类型，具体可以分为如图 2-10 所示的 3 种类型。

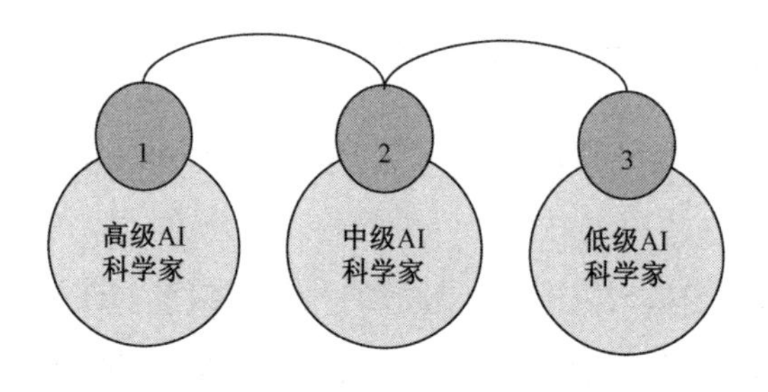

图 2-10　AI 科学家类型

1. 高级 AI 科学家

一般来讲，高级 AI 科学家可以自己做框架和前沿性研究，在全球范围内，这种类型的 AI 科学家都是非常稀缺的。

2. 中级 AI 科学家

中级 AI 科学家也许不能自己做框架，但却可以在比较流行的框架上完成适配和改进，并对项目进行定制化调整。随着 AI 训练的不断完善，这类 AI 科学家的数量也有了一定程度的增多。

3. 低级 AI 科学家

低级 AI 科学家只能在已有框架的基础上进行参数调整。这类 AI 科学家非常多，即使是那些从来没做过与 AI 相关工作的人，通过公开课或培训也可以完成这样的工作。

可见，在上述 3 种类型的 AI 科学家当中，高级 AI 科学家是当前最稀缺的，同时也是最具价值的。之所以会这样说，主要是因为高级 AI 科学家可以解决根本性问题，从而推动 AI 的不断完善和进步。

因此，对于想发展 AI 的国家和企业来说，最应该做的事情就是培养和训练越来越多的高级 AI 科学家。这虽然会花费一定的成本，但获得的回报也将十分丰厚。

2.5.3 “码农”如何逆袭：精通数学+掌握AI科技+团队合作

前面已经说过，AI 很有可能会冲击“码农”，因此，为了让自己在冲击中成功生存下来，“码农”们尤其是低级“码农”们就必须付出一些努力，而这里所说的努力主要包括如图 2-11 所示的 3 个方面。

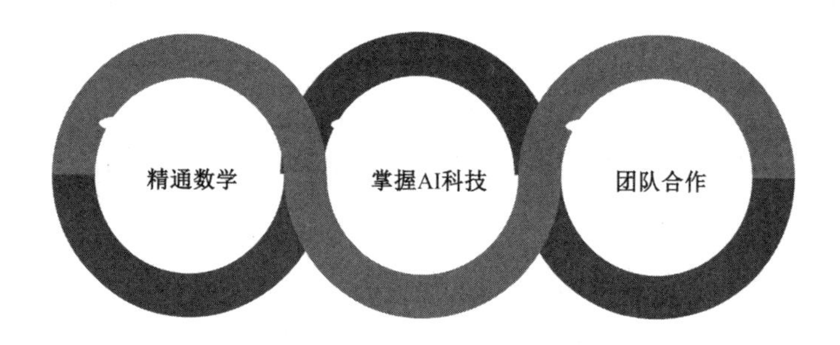

图 2-11　“码农”应该做的努力

1. 精通数学

在大多数“码农”看来，在编程的过程中，根本用不上太多数学和英语方面的知识，只要拥有正常的逻辑就可以。于是，他们天天拼命敲代码，而且是想到什么敲什么，即使这样，那些代码也还是能够在机器上运行起来。

不过，随着对这一行业的深入接触，缺乏数学知识的“码农”们就会变得越来越力不从心。因为当为 DirectX 游戏编程时，他们必须了解线性代数和空间几何；当开始研究手势识别、接触图像识别领域时，他们又必须了解概率论。所以，对于想要逆袭的“码农”来说，学习数学知识是首要步骤。

2. 掌握AI科技

俗话说：“从哪里跌倒，就要从哪里爬起来。”既然是AI带来的冲击，要想顺利应对的话，就必须掌握一些重要的AI科技。在这一过程中，最基本的3个环节是入门机器学习算法、尝试用代码实现算法、实现功能完整的模型。只有完成好这3个环节，“码农”们才有可能成功逆袭。

3. 团队合作

通常情况下，只要是开发类的工作，就需要整个团队一起完成。如果是一个人单独来做的话，那么工作可能永远都不能完成。或者即使完成了，质量也非常差。而“码农”所做的工作是属于开发类的，因此学会团队合作也是实现逆袭的一个必要条件。

对于广大“码农”而言，做了以上3方面的事情也许并不能实现逆袭，但如果不做的话，那就只能等着被AI取代，从而失去自己赖以生存的工作。

2.6 AI与企业采购管理工作

2017年6月，全球最著名的管理咨询公司麦肯锡发布了名为《人工智能——下一个数字前沿》的商业报告。报告数据显示：在60%的职业中，至少30%的工作内容将会被AI自动化技术替代。这股洪流无疑也会影响公司的采购管理部门，但冲击程度是不一样的，其中高频采购交易将会大规模被自动化替代。不过，AI为企业采购管理工作带来的便利也是不容忽视的。

2.6.1 AI赋能战略采购：筛选+审核+询价+签单的智能化

通常情况下，企业采购可以分为两个部分，一个是战略采购；另一个是运营采购。其中，运营采购非常注重采购人员的执行力，而战略采购则十分注重采购人员的决策能力。本节重点讲解战略采购。一般来讲，战略采购一共涉及4个环节，如图2-12所示。

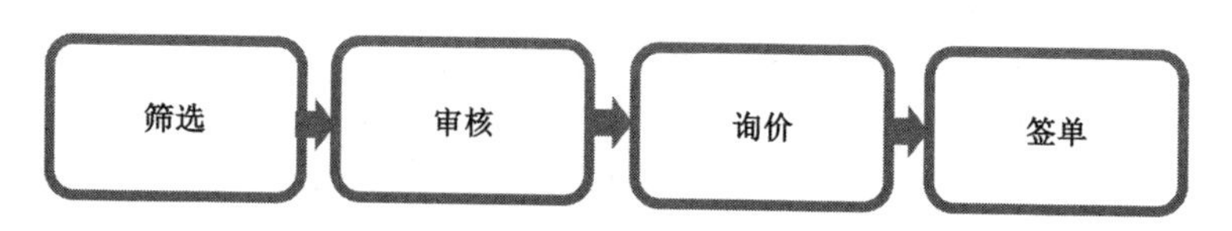

图2-12 战略采购的4个环节

在上述 4 个环节当中，最重要的两个环节是原料的筛选和产品的询价。随着 AI 的不断完善和进步，借助知识图谱技术及机器学习技术，AI 已经可以深度介入这两个环节。

因为在知识图谱的基础上，AI 可以智能筛选最物美价廉的原料，以实现筛选成本的最低化。在商业谈判算法的基础上，AI 还可以帮助企业在询价环节做到知己知彼，避免上当受骗。总之，借助 AI，战略采购将逐渐走向智能化，同时将会集“智能筛选、审核、询价、签单”于一身。

2016 年，京东搭建了一个电商化采购平台，将烦琐的采购工作变得更加简单、透明、智能。当谈到这个电商化采购平台时，京东副总裁宋春正说：“在 AI 的推动下，我们已经步入智慧采购时代。借助数据共享，采购工作可以轻松打通产业链上下游之间的信息联系。未来采购必定能够实现采购与供销的完美结合。”由此可见，在 AI 采购时代，京东一直致力于用技术打造更智能的采购流程。

另外，基于对云计算、深度学习、区块链等技术的熟练应用，京东的开发团队已经建立了大数据采购平台及采购数据分析平台。其中，借助智能推荐技术，大数据采购平台可以主动分析用户喜好，从而挑选出最符合用户要求的原材料。不仅如此，京东还在不断进行技术的研发与创新，目的是打造一个更具效率的采购平台。

可以说，京东的这些平台为采购方式的转变、采购路径的优化提供了极大的便利，从而促进了营销管理效率和客户服务质量的提升，并使企业的经营管理模式变得更加人性化、科学化、民主化。

2.6.2 AI 赋能运营采购：订货+物流+付款的智能化

在运营采购的日常工作中，处理采购订单的时间大约占据了20%，而其余的那些时间则都需要用来与计划管理、供应商、物流商协调详细具体的发货安排。

因为消费渠道的去中介化已经有了很大的发展，再加上 AI 对客户需求数据的挖掘、分析和提炼，所以，供应链的牛鞭效应将会明显改善。一方面，借助 AI，企业可以对客户需求进行更加精准的预测；另一方面，当企业与供应方之间的系统数据正式打通以后，AI 可以掌握供应方的某些重要情况，例如瓶颈环节、产能利用率等。与此同时，企业不仅可以平衡供应链供需关系实现对库存的实时优化，而且还可以实现采购和订单处理的完全自动化。

实际上，从 2017 年开始，就已经有很多企业在这个领域积极布局，德国的 Otto 就是其中一个经典案例。

Otto 是德国的一家在线零售企业，通过 AI 程序，该公司可以对 30 天内将要销售的产品进行预测，而且准确率已经超过了90%，可以说十分可靠。除此以外，AI 程序还可以帮助 Otto 预测订单，然后 Otto 就可以根据具体的预测结果构建库存，这样不仅可以大幅提升产品交付给客户的周期，还可以进一步优化客户的消费体验。

可见，对于企业而言，无论是AI赋能战略采购，还是AI赋能运营采购，结果都是有利的。这也是广大企业，尤其是零售企业积极布局“AI+采购”的一个重要原因。

2.6.3 采购人员职能转变：由专业人员蜕变为管理人员

在当下这个AI融入采购的时代浪潮中，采购职位大幅减少似乎已经成为必然趋势。面对这样的新趋势，采购人员必须改变自己，争取将AI融入采购链当中，以此来为客户和企业创造更大的价值。

具体来讲，采购人员的工作重心应该转移到成本管理、风险管理、采购绩效管理、客户关系管理上去。其中，在成本管理方面，因为一个产品70%的成本是在研发阶段决定的，所以，采购人员将深度参与产品的前期开发，而这也在一定程度上表示，其管理职能已经变得越来越突出。

另外，在AI时代，采购人员必须具备成本意识、价值分析及预测能力、表达能力、人际协调沟通能力。只有这样，才有可能将战略采购和运营采购做到最完美，从而大幅度提升自身的实际价值，避免被AI取代和淘汰。

2.7 AI与企业营销管理工作

随着AI的不断进步和完善，对其的应用已经渗透到了各个领域，当然营销领域也不例外。如今，就有很多企业使用AI这一新兴技术来促进和简化营销流程，尤其是在广告、客服等关键环节。当然，这也推动了企业营销管理的发展，从而在一定程度上保证了企业的正常运营。本节就从“AI+企业营销管理”着手对此进行详细说明。

2.7.1 大数据赋能：营销广告个性化、规模化

埃森哲是全球最大的管理咨询、信息技术、业务流程外包的跨国企业。2017年，其旗下的一个代理企业——埃森哲互动宣布为发行商和品牌提供一个产品。这个产品使用了AI这一前沿技术，能够自动且个性化地在视频中进行广告植入。

举一个非常简单的例子：广告中有一架飞机在空中飞行，如果

看这个广告的人一个在马来西亚，一个在法国，前者看到的就是带有马航标志的飞机，后者看到的则是带有法航标志的飞机。

埃森哲互动的研发部总经理 Alex Naressi 明确指出，使用了机器学习以后，该产品可以对人类视觉进行学习，从而实现对其的模拟和追踪。除此以外，该产品还可以在任何视频中创建热力图，然后分析受众关注的内容，最终实现广告的合理放置。

另外，Naressi 还在某次采访中表示，为了保证适度的品牌安全，同时也是为了提升品牌与语境的相关性，该产品还把自动语义分析与人工洞察结合到了一起。

在 2017 年的戛纳国际创意节上，埃森哲互动正式发布了这一产品，但因为当时专利还在申请当中，所以，并没有与任何发行商和品牌合作对其进行测试，而且也没有公布最终的具体价格。

在 Naressi 看来，该产品其实应该是“无中断的原生广告资源”，不仅可以让广告变得更加个性化和规模化，同时也可以避免出现广告被拦截的现象。

可以说，埃森哲互动研发出来的这一产品正式开启了“AI+营销广告”的新篇章，自此以后，广告就变得不再那么冰冷，而是已经成为一个可以连接客户和企业的桥梁。当然，无论是二者中的哪一个，客户和企业都可以有所收获。

2.7.2 NPL 赋能：智能营销客服

自始至终，市场对客服的需求量都是非常大的。在大多数发展中国家，客服也已经成为一个人们赖以生存的重要职业，即便是互联网这种轻资产类型的企业也有大量的客服。

不过，必须承认的是，对于企业而言，客服其实是一个非常尴尬的职业。之所以会这样说，主要是因为如果企业雇用过多客服的话，那么运营成本势必会大幅增加，但产生的实际利润却少之又少。

在这种情况下，企业就会想方设法削减开支。然而，优质的售后服务又是整个销售流程中必不可少的环节，所以客服就一直处于“尾大不掉”的状态。为了解决这一难题，部分科技企业就开始朝当下非常火热的 AI 领域进军，网易就是其中极具代表性的一个。

2016 年，网易推出了一个以 AI 为基础的智能客服产品，主要目的是帮助中小型企业降低客服成本。以电商企业来说，其背后有各种各样的服务，而网易的这个产品则可以自动为客户解答多个方面的问题，例如。产品型号、物流进度、售后保障等。

实际上，智能客服的好处是显而易见的，一方面，智能客服将客服成本降低到原来的十分之一；另一方面，智能客服有效避免了一些遭到客户厌烦的行为，例如回复信息不及时、回复信息不准确等。可以说，未来，智能客服将会大规模应用于各行各业，同时也将为企业带来更多的利益，做出更大的贡献。

2.7.3 机器视觉赋能：前卫的 VR 营销

从某种意义上讲，营销其实就是制造爆点，然后用爆点实现广泛的传播，从而让品牌在人们心中留下深刻的印象。由机器视觉赋能的 VR 营销有一个非常大的优势——体验，其本质上与当下十分火爆的体验式营销并无太大差别，像买食物前先试吃、买汽车前先试驾、买衣服前先试穿，都属于体验式营销。

随着媒介形式的进一步升级，企业在做营销的时候，也对媒介的互动性和反馈性提出了越来越高的要求。从最早的户外广告到纸质媒体，再到现在的数字媒体，人们与广告之间的“参与感”一直在不断增强。尤其是数字媒体时代，人们的情绪、意见、建议都可以通过评论或留言的方式反馈给企业，这更是一种参与感的展示。

然而，自从 VR 作为一个新媒介出现以后，这种“参与感”就更强了。从 VR 的设定上看，人们似乎已经成为营销过程中的一个角色，而且可以从中获得最为真实的感受，这和新时代营销是高度契合的。所以，对于营销而言，VR 有着天然的可适用性。

众所周知，像汽车这一类的产品，人们在购买的时候都会非常看重实际的外观感觉、系数、功能、操作流程等。因此，这类产品的营销，多是借助 VR 让人们能够直观且真实地体验到操作的快感。下面以奥迪为例对此进行详细说明。

2015 年，奥迪与 Oculus 达成了合作，之后，消费者就可以在奥迪的线下实体店带上 VR 设备，浏览多个型号的新车，并进行虚拟选车。另外，通过场景设置，消费者还可以浏览和选择汽车内部的一些要素，例如皮革、装饰、颜色、娱乐系统等。

实际上，除了奥迪，沃尔沃也开始使用谷歌 Cardboard 做营销，还正式发布了 VR 试驾体验。消费者可以申请免费的谷歌 Cardboard，并下载沃尔沃的 App，便可体会到沃尔沃特定新车的驾驶感觉，同时也可以详细了解这些特定新车的内部结构和操作流程。

从目前的情况来看，因为受到硬件基数不足的影响，VR 营销可能还并不具备快速传播的优势。但是，一些行业巨头早就已经发现了 VR 营销的潜在价值，这也就意味着，在不久的将来，VR 营销定会迎来爆发期。届时，一些值得学习和借鉴的营销案例也会不断涌现，并推动营销手段的不断创新。

2.7.4 深度学习赋能：智能预测、分析、归因，提升营销效果

在 AI 领域，深度学习的主要任务是对计算机如何模拟或实现人类的学习行为进行深入研究。2017 年，一直致力于大数据营销的阿里妈妈也开始朝深度学习进军，这到底是为什么呢？

实际上，从目前的情况来看，营销应该是深度学习和 AI 可以对现有流程产生明显提效的领域。阿里妈妈资深算法专家刘凯鹏认为，可以简单将其总结为一个特定的场景：在掌握需求的情况下，

为消费者找到最心仪的商品和广告。

另外，通过分析消费者在整个电商场景中的行为，就可以知道，他们进行的浏览、点击、购买等其实也是认知、记忆、判断的过程。

对此，刘凯鹏说道："对于所有已经看见的广告，到底会产生怎样的行为？消费者可能喜欢它，可能点击它，可能购买它，计算这个概率是典型的机器学习问题。"同时还表示，他们会把这样的问题建模成机器学习问题，并用海量的数据进行验证。

如今，阿里妈妈已经在多个层面取得了进展，其中最具突破性的两个是认知和记忆。不仅如此，在判断层面（例如信息理解、图像分类识别等），阿里妈妈也在不断拓展。而且值得一提的是，基于图像分类识别的深度学习已经接近甚至超过人类的水平。

将深度学习融入企业的营销场景中，很多营销环节（例如智能出价、智能预测、智能分析、智能创意、智能投放等）都可以得到支撑和优化，这不仅可以保证营销的准确性，同时也可以大幅度提升营销的效果。

其实，早在 2016 年的云栖大会上，阿里妈妈就正式揭秘了一个可以实现智能流量匹配与出价的 OCPX 引擎，这是其在 AI 领域的重要突破。本节提到的深度学习，更是阿里妈妈探索 AI 的关键一步。

第三章

AI 与决策层

在一个企业当中，决策层需要做的工作有很多，例如做出决策、管理员工、与重要客户洽谈等。因此，对于决策层而言，把每一件工作都做得出色并不是非常容易，而要是把 AI 融入其中的话，情况会有很大不同。一方面，AI 可以帮助决策层提高工作的效率和质量；另一方面，决策层可以在 AI 的基础上做出更加科学合理的决策，从而保证企业的长远发展。

3.1 AI 重塑企业 HR

自从 AI 出现以后，人力资源管理便开始向智能化转变，HR 借助 AI 等软件完成基础性事务工作，例如招聘、考勤、绩效考核等。这也就意味着，AI 已经把 HR 从事务性工作中解救出来，从而让他们有更多时间和精力去思考互联网时代下的现代企业人力资源管理工作。不仅如此，HR 也可以最大限度地发挥自己应有的价值。所以，一些专家学者断言，未来，不懂 AI 的 HR 很难有广阔的发展空间。如图 3-1 所示为 AI 帮助 HR 挑选人才。

图 3-1　AI 帮助 HR 挑选人才

3.1.1　HR 在 AI 时代：兼具理智与情感

随着科学技术的不断发展，世界的扁平化趋势也逐渐凸显，在企业可以通过迅速复制使规模越来越巨大的情况下，个体通过科学技术赋能所产生的力量也比之前更大。而且，人才也已经成为当下世界的中心。

但与此同时，我们也必须承认，对于一个成熟的企业来说，员工数量的增多也会导致创造力的大幅度下降。再加上组织形态渐趋复杂、业务发展速度加快等影响，企业逐渐意识到吸引人才、调整组织结构的重要性。

在 HR 所做的工作中有很多使用科学技术的机会，这就要求企业的 HR 应该积极应对此番变革，不断提升自身的能力。那么，具体应该怎样做呢？最重要的应该是使自己成为一个理智与情感兼具的人。

其中，理智应该是指用数据驱动思维去发现、理解、解决工作中遇到的各种问题。2016 年，美国一家知名企业在 HR Tech 投入了一大笔资金，市场规模达到了 140 亿美元。如果 HR 要想尽快脱离传统的工作流程和陈旧的管理方式，从而实现转型，那么就必须对以 AI 为代表的新兴硬科技保持高度敏感，例如按指纹签到、网上培训、KPI 绩效考核等。

情感是指工作过程中产生的情绪和感受。通常来讲，工作时间要长于与家人待在一起的时间。在这种情况下，员工对工作体验的期望便会越来越高，他们不仅想要有多元的文化，而且还想要有技能和心灵的双向成长。

如果将员工看成“上帝”的话，那么 HR 就要用心设计每一个与员工交互的界面。要记住，员工希望得到轻松流畅的体验，因此，无论何种类型的企业服务都要向消费化转变，同时，企业管理方式也要向“以人性为根本”转变。

对于 AI 时代下的 HR 而言，如果兼具了理智和情感，那么不仅可以提高工作的质量和效率，还可以在一定程度上避免自己被淘汰，可谓一举两得。

3.1.2 AI+HR 颠覆人才招聘：自动化+主动化+精准化+网络化

在 HR 所做的所有工作当中，人才招聘是最基础也是最关键的工作。然而，当 AI 融入人才招聘之后，这一工作就有了翻天覆地的变化，具体可以从以下几个方面进行说明。

1. 逐渐走向自动化

1994 年，Monster 便推出了世界上第一个招聘网站。随着招聘渠道的不断复杂及简历筛选技术的渐趋落后，企业与求职者之间的信息再一次出现了不对称的现象。简历过多，HR 根本筛选不完；简历过少，HR 很难招聘到真正的人才。

另外，相关数据显示，在招聘工作当中，HR 有 70%的时间都用来筛选和浏览简历，包括登录招聘平台、到各个网站寻找人才等。实际上，在很早之前，美国的招聘工作就已经到达了瓶颈，为了尽快度过这一瓶颈，绝大多数企业都在使用第三方的 ATS。

2. 逐渐走向主动化

一个真正的人才能为企业带来无法估量的价值，而这也在一定程度上反映了人才市场将会面临永久性的紧缺。而且，一般来讲，真正的人才根本不需要主动去寻找工作，他们都属于被动求职者。

在这种情况下，HR只有脱离被动的筛选而转变为主动的出击，才可以为企业招聘到更多真正的人才。

此外，HR也应该用市场营销的角度去思考招聘中的问题，并用社交化的手段建立企业品牌。为了帮助HR对宣传文案做充分的润色，美国的一家企业已经采集并分析了很多可以吸引求职者的词语和表达方式。

另外，该企业也会对HR起草的职位描述和招聘文案进行评分，并提出一些非常诚恳的修改建议，例如将过时的说法进行替换。而且更重要的是，该企业还会针对不同求职者的文字偏好做相应的文案调整。

3. 逐渐走向精准化

求职者匹配不仅仅是简单的技能匹配。也就是说，即使所有企业都在招聘程序开发人员，也会因团队领导和公司文化的差异而选择不同的求职者。在海量的简历当中，怎样判断哪位求职者最适合正在招聘的职位呢？一家名为celential.ai的企业正在使用机器学习技术对求职者进行自动排序。

这家企业可以借助自然语言处理技术分析求职者的简历，然后根据简历中的相关信息判断求职者与当前职位是否匹配。除此以外，这家企业开发的AI系统还可以自动学习简历数据库中的经典招聘案例，并建立一个人才模型，从而更精准地预测求职者的工作表现。

4. 逐渐走向网络化

在美国，近半数的招聘面试都是在网上进行的。实际上，传统的招聘面试既缺乏客观性，又不具备完善的标准。AI 面试分析企业 HireVue 正致力于通过提取原始面试视频中的一些重要信号（例如微表情、肢体动作、措辞等），来对求职者是否符合职位需求进行评估和判断。

其中，自然语言处理技术用于分析求职者的回答，计算机视觉技术用于解读求职者的表情、动作等非语言因素。这不仅大幅度提高了面试效率，还可以迅速筛选出进入下一轮人工面试的求职者。

由此可见，在 AI 不断发展进步的影响下，人才招聘的确已经发生了翻天覆地的变化。因此，对于新时代的 HR 而言，当务之急就是拥抱 AI 这一新兴技术，只有这样，才可以最大限度地保证自己不被淘汰。

3.2 HR 的 3 项新技能

随着时代的不断发展，企业对 HR 的要求已经不再局限于完成薪酬统计、招聘培训这些比较琐碎的工作，而是希望他们可以参与到企业的战略规划中来。这样，HR 就能够凭借相关技能把员工与业务数据联系起来，从而使员工和其负责的业务更加匹配。不过，要想实现这一目标其实并不简单，最关键的就是 HR 应该掌握建立工作自动化流程、信息化集成：积累人才数据、用 AI 思维打造智能战略系统这 3 项新技能。

3.2.1 建立工作自动化流程

HR 每天都要做各种各样的工作，在这种情况下，如果没有一个精简合理的流程，就会浪费很多的时间和精力，从而对企业发展产生不良影响。而那些优秀的 HR，基本上都会有自己的一套工作流程，例如什么时候应该做什么工作、哪些问题需要找领导确认等。因此，流程中的各项工作都可以在最短的时间内顺利完成，效率有了大幅度提高，自己也更容易得到领导的认可和赏识。

说了那么多，究竟什么是流程呢？单纯从字面意思理解的话，流程其实是水流的路程，如果我们将含义进行延伸的话，流程则是指工作进行中的顺序和步骤的布置和安排。具体来说，在企业中，流程是为了完成某项工作而制定的一个过程管控和规范，例如常见的招聘流程、培训流程、入职流程等。

不过，如果按照上面所举的例子来对工作流程进行规范，那么很可能会导致目标的缺乏和方向的偏移，同时还有可能出现强大动力变成巨大阻力的现象。因此，在流程管理学科中，流程被赋予了一定明确的概念：以规范化构造端到端的卓越业务流程为中心，以持续提高组织业务绩效为目的的系统化方法。总结起来就是，规范业务流程，并通过这种规范使业务绩效获得一定程度的提升。

这里必须注意的是，HR在规划自己的流程时，需要以主业务流程为依托，同时还要以提升业务绩效为最终目标。所有未能深入理解和钻研实际业务流程而只是单纯站在专业角度的HR，很难使自己的业务获得提升。

在当下这个AI时代，流程的重要性已经越来越明显，而摆在HR面前的主要任务是建立一个可以提升业绩的流程。当然，这里所说的流程应该是自动化的，主要目的应该是迎合AI的自动化特征。

3.2.2 信息化集成：积累人才数据

相关数据显示，目前，美国只有不到10%的企业可以使用员工的工作数据。而这也在一定程度上表示，HR应该仔细分析以往的成功和失败，以此来对其有一个更加清晰的认识。通常情况下，第一阶段的数据分析应该以可视化工具为核心，主要目的是对之前没有的数据集进行采集和追踪，例如在进行业务数据的相关性分析时，大量使用人才数据。

从目前的情况来看，大多数企业只能看到一些无关紧要的业务数据，包括员工任职情况、绩效评级、营业额等。不过，未来还会有更加完善的组织关系数据、个人工作数据等。前者的价值要远远高于后者的价值。

随着该数据集的逐渐扩大，HR 会越来越了解人员组织的关系和招聘成败的原因，例如为什么员工的价值不能充分发挥出来、全新的招聘制度能否为企业招来更多的人才、为什么销售部门的业绩迟迟没有起色……

另外，人才数据可以帮助 HR 更好更快地做出某些决策。一般来说，在绩效考核的时候，任何组织的生产力会有不同程度的下降。之所以会出现这种情况，主要就是因为组织中的员工都在忙着填写各种表格，而忽略了手头的工作。

在很多人看来，OKR 是既专业又公平的，但在这一方面，微软似乎比谷歌做得更加彻底，直接用反馈机制代替了绩效考核。近些年，在美国出现了很多可以实现自动化考核的软件，其中最具代表性的应该是 BetterWorks 和 Reflektive。

在这类软件的助力下，领导和员工不仅可以主动咨询相关反馈意见，而且还可以分享已经讨论好的绩效目标。这样做一方面有利于保证反馈的有效性和真诚性，从而使 HR 做出更加科学合理的决策；另一方面，也有利于增强整个组织的士气。

在这种情况下，之前那种自上而下，流程驱动的方法已经过时，取而代之的是一种更加敏捷持续，以反馈为基础的方法。

总之，以人才数据为首的各种数据都具有或大或小的价值，因此，AI 时代下的 HR 就应该像一个数据库一样，尽可能多地存储数据，以便为自己未来的工作打下良好的基础。

3.2.3 用 AI 思维打造智能战略系统

对于 HR 而言，拥有 AI 思维，并学会用其打造智能战略系统是非常重要的。在这一过程中，最关键的一个因素是预测性模型。在部分专家学者看来，预测性模型可以在很多方面发挥作用，例如分析柔性人员管理的需求。

目前，分享经济和众包市场都获得了较为不错的发展，而这也导致了劳动力管理需求的改变。之前，人力都是由 HR 计划和安排的，但现在已经变成了根据需求预测来调整和分配人力。

当然，如果数据足够全面的话，那么 AI 还可以帮助 HR 对优秀员工的流失进行分析和预测，同时还可以指出防止优秀员工流失的最佳方法。

Hi-Q Labs 是一家初创企业，于 2017 年开发出了一种仅通过外部数据就可以预测员工留存率的方案，而且准确度甚至已经超过了用内部数据进行预测的准确度。

由此可见，拥有了以数据驱动为基础的指导，HR 已经可以掌握保留优秀员工的可行性方法。实际上，无论是多大规模的企业，都会存在一些人力方面的问题。

相关调查结果显示，在任何一个企业中都会有不断找寻新工作的员工，而且其中的79%认为自己没有得到应有的指导。这也就表示，每一位员工都希望可以更多地、更深刻地了解企业和工作。

讲到这里，我们不难发现，AI还没有取代HR的能力，现在的技术也还没有达到真正意义上的智能。但不得不说的是，针对企业中的人力问题，一些独具特色的AI解决方案已经被提出，未来，AI将更好地融入HR的各个工作环节当中。

3.3 决策层如何应对AI

无论人们承认与否，AI深刻影响着工作和生活都已经是一个无法逆转的趋势。在这种情况下，要想让企业获得长远发展，决策层就必须审慎应对这一趋势。对于企业而言，首先，要学会利用AI这一新技术，以便将自动化工作赋予AI；其次，把情感工作、社交维护工作交给人类完成；最后，积极布局新型工作网络，实现人机协调，使之能够共同处理工作，使企业向上发展如图3-2所示。本节就对此进行详细说明。

图 3-2 决策层借助 AI 让企业向上发展

3.3.1 利用 AI 新技术：将自动化工作赋予 AI

麦肯锡提供的数据显示，在全球范围内，50%左右的工作可以通过现有技术实现自动化，而可以实现完全自动化的工作却只有不到 5%。另外，数据还显示，在 60%左右的工作当中，至少有 30%以上的活动可以用自动化技术取代。这些数据从一个侧面反映出，对于广大员工，尤其是决策人员来说，工作场所已经发生了很大的转换和变化。

目前，自动化的技术可行性已经越来越重要，但影响自动化应用范围和速度的因素并不是只有这一个，其他因素主要包括监管和社会的认可程度、劳动力市场的实际情况、自动化带来的好处、自动化解决方案的巨额成本等。

一般来讲，行业和职业不同，自动化对工作产生的潜在影响也会有所不同。相关报告显示，那些在可预测环境中完成的工作（例如操作机器、准备快餐等）最容易受到自动化的影响。如图 3-3 所示为操作机器人。

图 3-3　操作机器人

另外，数据采集、数据处理是另外两种可以实现自动化的工作，而且在这类工作当中，机器甚至要比人类做得更快更好。不过，必须注意的是，即使有些工作可以或已经实现了自动化，那么人类的就业机会也不会因此而减少。

在不可预测环境中完成的工作（例如修剪花草、照看学龄前儿童、修理水管等），也许多年以后都不会实现大规模的自动化。一方面，很难有技术可以实现这类工作的自动化；另一方面，这类工作的薪酬水平普遍较低，对其进行自动化并不是一个非常具有吸引力的商业主张。

未来，员工将把更多的时间和精力放在难以实现自动化的工作上，例如与其他员工沟通、培训、管理等。与此同时，员工所需的知识和能力也与之前大相径庭。到了那个时候，他们需要更多社交、情感、逻辑、创造等方面的能力。

毋庸置疑，AI 和自动化可以为企业带来各种各样的好处，例如实现工作效率的不断提升、创造动态经济和经济盈余等。在这种情况下，为了更好地应对 AI，决策层应该安排好分工，将那些可以实现自动化的工作交由 AI 来完成。

3.3.2 把情感工作、社交维护工作赋予人

AI 可以像人类那样回复邮件，这已经成为一个板上钉钉的事实，除此以外，AI 也在逐渐替代一部分流水线工作。可见，AI 时代确实已经到来。然而，虽然 AI 让工作变得越来越简便，也越来越轻松，但人类也会感到不安。

实际上，人类不需要对此感到担忧和恐慌，因为 AI 并不能完成所有的工作。从目前的情况来看，AI 完成的只是那些重复、烦琐、重体力的工作，也就是说，随着 AI 的进一步发展，人类将从重复烦琐的重体力劳动中解脱出来。

不过，人类对社交互动的需求已经变得越来越多，从而导致了该类工作的逐渐增多，但该类工作是AI无法完成的。根据德勤在2017年发表的关于英国劳动力研究分析的报告，在过去的20年里，人文关怀类的工作数量在大幅增长，其中，护理助理的工作数量增加了909%，护理人员也增加了168%。

另外，相关研究显示，基于情感的沟通和交流可以对人类身心产生积极健康的影响。在旧金山，就有一家企业致力于为客户提供拥抱服务。虽然这项服务受到了很多误解和不被认可，但未来一定会有所改变。同样，一些心理咨询、调节矛盾的工作也很难由AI完成。

另外，以“付费交友”为代表的社交活动也正逐渐成为一种新趋势，例如付费观看直播、付费阅读书籍等。可见，无论是情感维护工作还是社交维护工作，都应该由人类完成，而这也是决策层应该知道并实际应用的。

3.3.3 布局新型工作网络：人机协调，共同处理工作

据MIT Technology Review报道，麻省理工学院计算机科学和人工智能实验室主任丹妮拉·鲁斯认为，当下最应该做的是探索人类和AI机器合作的新方法，而不是仅仅为AI机器取代某些工作而感到担忧和恐慌。

在麻省理工学院2017年的主题演讲中，鲁斯曾说：“我相信

人和 AI 机器不应该成为竞争对手，二者应该是合作伙伴。”这句话在告诫人类，没有必要把 AI 机器当成“敌人”。

MIT 曾做过一项研究，研究显示，如果人类与 AI 机器一起工作，那么效率可以得到显著提高。因此，未来几年，经济学家、技术专家、政策制定者最关心的问题应该就是“AI 机器如何与人类一起工作”，如图 3-4 所示。

图 3-4　AI 机器与人类一起工作

作为全球最好的机器人中心之一，麻省理工学院计算机科学与人工智能实验室始终在寻找这个问题的答案。为此，鲁斯描述了人类与 AI 机器在医学上合作产生的积极作用，例如癌症诊断、疾病治疗等。

此外，在 AI 机器将对就业产生怎样的影响、如何通过创造新的商业机会来抵消这一影响等方面，很多学者专家意见不同。2017 年 11 月，鲁斯和麻省理工学院的其他人组织了一场意义非常的活动，此次活动的名称为“AI 和未来工作”。

在活动中，部分发言者对未来可能发生的巨变给出了非常严重的警告，除此以外，AI 可以增强人类技能这一事实也被多次提及。值得注意的是，鲁斯还谈到了哈佛大学研究人员的一项研究，该项研究的主要目的是分析专家医生与 AI 软件在诊断癌症方面的能力差异。结果他们发现，与 AI 软件相比，专家医生的表现要更好，同时还发现，二者结合在一起产生的效果是最好的。

另外，鲁斯还在活动中表示，AI 可以增强人类在法律和制造业上的能力，AI 机器人和 AI 软件则可以在定制和分销产品方面发挥非常大的作用。

AI 总是能以一些出乎意料的方式提升人类的能力，就以鲁斯提到的另一个项目来说，这一项目是由麻省理工学院主导的，涉及了利用 AI 帮助眼睛有缺陷的人驾驶无人汽车。

鲁斯还推测，虽然现在的大脑——计算机接口还不是非常细致，但很可能会深刻影响未来与 AI 机器人的交互。

虽然 AI 机器与人类共同工作可以带来很多好处，但必须承认的是，这也存在一些不足，例如可能会导致工作质量的大幅度下降。

不过，因为AI机器还不具备特别强大的能力，所以，人类应该将希望放在“AI 机器可以消除工作中的常规和无聊因素”上。需要人类完成的工作还有很多，如果将那些重复烦琐的重体力劳动交给AI机器，那么人类就可以专注于更有意义和更有价值的工作。

第四章

AI与执行层

在任何企业中，执行层的作用都不能被忽视，如果没有这一层，决策层下达的任何决策就都没有办法被有效执行，从而对企业的正常运营产生不良影响。因此，AI 与执行层的碰撞也受到了越来越广泛的关注。

4.1 数据说话：AI 威胁执行层的“饭碗”

关于 AI 会取代某些职业的争论越发激烈，人们对此各种各样的论断，即使是在企业中发挥重要作用的执行层，也会担心哪一天会丢了自己的“饭碗”。相关数据显示，电话推销员、会计、客服等执行层被 AI 取代的概率非常高，尤其是电话推销员，被 AI 取代的概率甚至已经达到了 99%，在这样数据的影响下，执行层难免会感到恐慌。

4.1.1 电话推销员被取代的概率为 99%

2017 年，BBC 基于剑桥大学研究者米迦勒·奥斯本和卡尔·弗雷分析了 365 种职业在未来的“被取代概率”。结果显示，电话推销员被 AI 取代的概率为最高，达到了 99%，已经接近 100%，这样的数字真的是令人难以置信。如图 4-1 所示为机器人电话推销漫画。

图 4-1 机器人电话推销漫画

那么，为什么电话推销员被取代的概率会这么高呢？原因主要包括以下几点：

（1）电话推销员做的几乎都是重复性劳动，这些劳动并没有太大的难度，只要经过系统训练就可以轻易掌握。

（2）在数据采集不准确的情况下，电话推销员需要花费大量的时间和精力对客户进行筛选。

（3）电话推销员的离职率越来越高，流动性不断加大，带来了人工成本的攀升。

（4）电话推销员的工作既单调又压抑，还会对情绪产生一定的影响，从而导致人工效率的逐渐降低。

那么，所谓的 AI 取代电话推销员是不是真的已经成为现实？对此，很多人可能会觉得目前的 AI 只是想象中的产物，根本就遥不可及。事实上，能够取代电话推销员的 AI 机器人已经走进了工作，正式成为现实。轻松呼就是一个非常具有代表性的例子。

轻松呼是一款智能语音电话营销服务系统，可以用于推广企业的产品或服务。该系统采用了先进的深度学习技术，以及前沿的对话系统技术（包括自然语言生成、语音识别、对话管理、口语理解、文本生成语音等）。

作为新一代的 AI 电呼专家，轻松呼不仅可以实现人机互动、客户分类、CRM 移动管理平台的完美融合，还可以为企业节省一大笔雇用电话推销员的成本。另外，轻松呼还具有如图 4-2 所示的几个不得不提的高阶功能。

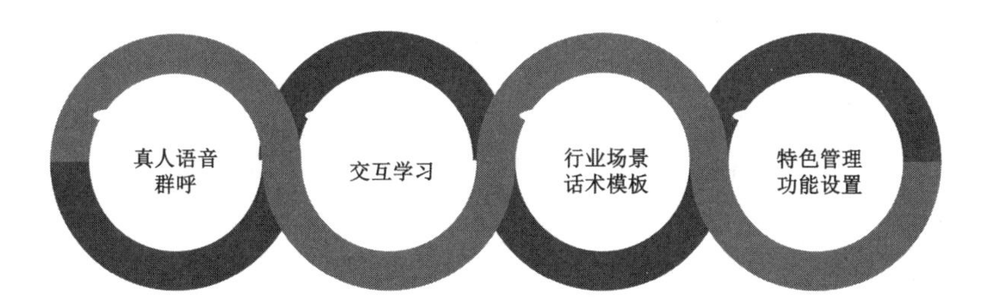

图 4-2　轻松呼的高阶功能

其中，真人语音群呼功能可以通过真人语音的方式群呼目标客户；交互学习功能可以在结合人工优化的情况下提升营销效果；行业场景话术模板功能可以通过分析不同的客户群，提供多种语音话术模板；而特色管理功能设置则可以设置任务执行和停止的时间，并对后续数据进行深度挖掘。

讲到这里，有些人可能会有疑问，难道这些功能就是轻松呼可以取代电话推销员的原因？除此以外，下面几点原因也是不可忽视的。

（1）低成本管理：有了轻松呼以后，企业可以节省某些方面的成本，例如招聘成本、培训成本、流失成本、人工成本等。

（2）高效率过滤：轻松呼不仅可以用极高的效率整理客户资料，还可以大幅度提升潜在客户转化率。

（3）标准化执行：轻松呼可以实现情绪、客户分类，话术的标准化，这是电话推销员不具备的优势。

（4）精准的数据：由于轻松呼具有后台录音的功能，因此可以对客户意向的变化进行实时统计，从而保证数据的时效性和精准性。

低成本、高效、标准、智能，都是轻松呼自带的特点，也正是因为这样，轻松呼才可以全面解决电销行业的痛点，从而完美取代电话推销员。

从目前的情况来看，像轻松呼这样的 AI 系统正在变得越来越多。对于企业来说，这是难得的机遇，必须牢牢抓住；而对于电话推销员来说，这是巨大的挑战，必须细心应对。

4.1.2 会计被取代概率为 97.6%

与上一节提到的电话推销员不同，会计的门槛并不算低，而且前景也很好，就是这样一份职业，依然有 97.6%的概率会被 AI 取代。

不过，仔细研究后，我们其实不难发现，会计的主要工作是对相关信息进行收集和整理，对会计有非常高的逻辑要求，必须保证100%准确，单从结果上来看，AI 的优势确实更加明显。

如图 4-3 所示为机器人会计。

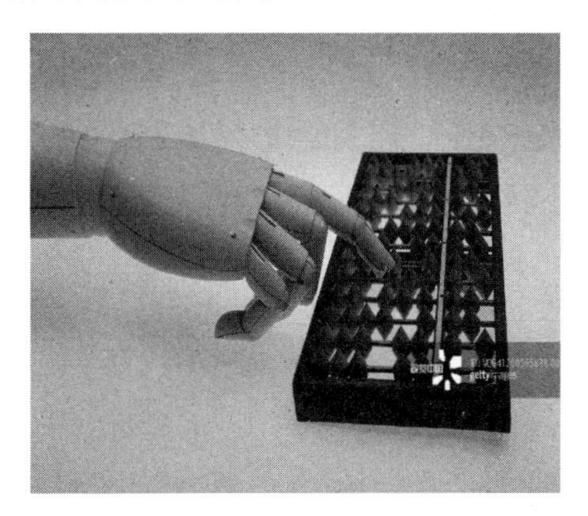

图 4-3 机器人会计

此外，自 2017 年开始，全球四大会计师事务所中的德勤、普华永道、安永都相继推出了财务智能机器人方案，这也再一次证明了 AI 在财务工作中的巨大优势。

实际上，在早之前，德勤就和加拿大的一家创业公司达成了密切合作，联手将 AI 引入财务工作中，以此来帮助会计从复杂、繁多、乏味的财务工作中解放出来。该重磅消息一经传开，就受到了极为广泛的关注。

对于会计来说，经常会有力不从心的感觉，这是在所难免的，毕竟把每一项财务工作都完成好并没有那么容易。在这种情况下，如果真的出现一种可以帮助会计完成财务工作的技术，也未尝不是一件好事。到了那个时候，会计就能腾出更多的时间和精力去做一些有价值、有意义的工作。

4.1.3　客服被取代概率为 91%

与电话推销员、会计相比，客服被 AI 取代的概率虽然更低，但仍然达到了 91%。而且，相关数据显示，51.4%的客服对自己从事的这一职业并不满意，主要原因包括以下几点：工作内容枯燥、薪酬低、福利差、工作强度大。

如图 4-4 所示为机器人客服。

图 4-4　机器人客服

另外，客服行业也存在各种各样的问题，例如招聘难度大、人力成本高、培训时间长、离职率高等。即使是百度、阿里巴巴、京东、亚马逊这样的互联网巨头也无法很好地解决这些问题。不过，自从出现了以微软小冰为代表的 AI 客服机器人以后，这些问题似乎有了解决的方案。

毋庸置疑，在客服行业，一场机器人取代真实人类的戏码正在上演。

2017 年 4 月 10 日，阿里巴巴正式推出了一个名叫“店小蜜”的 AI 机器人。据阿里巴巴方面透露，“店小蜜”不仅可以回复问题、推荐个性化产品，还可以提供修改订单、退货、退款等服务，而且随着时间的推移，其功能已经变得越来越强大。

在这以后，智能客服便成为各大投资者和投资机构重点关注的领域。对此，经纬中国合伙人左凌烨明确表示：“客服是企业服务软件的最大市场之一。随着用户体验的提升和技术的不断演进，客服产品面临着更多的挑战，包括全渠道、实时性、移动化和 AI 辅助等。经纬非常看好客服市场在中国的前景。”

作为商业社会的关键一环，客服无疑会对企业形象产生非常重要的影响，也正是因为如此，越来越多的企业开始重视客服中心的搭建。一方面，这可以提升客户对企业的好感和认可度；另一方面，这可以增强企业在行业中的声誉和影响力。

刘晓玲是爱钱进的客服总监，她认为 P2P 领域已经经历了很多大起大落，在这种情况下，企业还能受到客户的喜爱和认可，除了依赖企业的硬实力，来自客服中心的软实力也有很大的功劳。另外，刘晓玲还说道："人工客服这个群体未来一定会消失，因为智能的机器人可以解决问题、提高效率、降低成本，哪个企业会不用它呢？"

对于广大客服而言，最核心的能力应该是洞察客户的真实心理，只要AI机器人突破了这一点，就可以取代人工客服。而且，无论是从市场角度来看，还是从技术角度来看，客服都是一个非常容易被AI取代的职业。

从市场角度来看，首先，AI 客服机器人可以在第一时间解答客户提出的问题，从而使客户体验得到大幅度提升；其次，有了AI 客服机器人以后，企业就可以节省一大笔人力成本；最后，在AI 客服机器人的助力下，企业可以收集更多的客户需求和行为数据，从而促进企业产品或服务的迭代优化。

从技术角度来看，AI 客服机器人想要取代人工客服，需要有一些基础能力和核心算法，例如自主学习能力、大数据的收集和分析能力、精确的语义分析等。而随着时代的进步，这些都已经逐渐完善和成熟。

由此来看，客服被AI取代并不是没有可能的，在这种情况下，客服就应该积极应对这一严峻挑战，除了要不断提升自己的洞察能力，还要积极学习与AI有关的知识，争取做到"知己知彼"，只有这样才可以"百战百胜"。

4.2 面对威胁，执行层必备的 4 项 AI 技能

AI 会对执行层造成威胁似乎已经成为一个不争的事实，对此，有的执行层选择了逃避，而有的执行层则选择了迎难而上。最后的结果又是怎样的呢？一个最大的可能就是，前者被 AI 时代无情抛弃，后者在 AI 时代风生水起。

由此可见，面对 AI 的威胁，执行层最应该做的是迎难而上，并掌握一些必备的 AI 技能，例如机器管理能力、流程资讯能力、算法能力与判断力、平台及数据管理能力等。

4.2.1 机器管理能力

“AI 将威胁执行层”这一论断，让处在执行层的员工感到非常焦虑，也非常恐慌。其中，一个经常不被重视的问题是，执行层的员工应怎样开发和维护与 AI 有关的软件、机器和机器人。

作为执行层的一项必备技术，AI 在很大程度上并不是特别成熟的。这也就表示，对其的使用应该是一种发生在组织内的扩散。

相应地，AI 的系统性还停留在起步阶段并且非常分散。

对于执行层，尤其是 IT 企业的执行层来说，开发出一个比较好的技术体系结构都是很可能实现的，而且他们也有能力开启智能化的未来。但必须承认的是，这种能力并不是执行层与生俱来的。

因此，执行层必须将自己的发展与企业联合在一起，通过开发和管理 AI，使自己摆脱之前那种简单的“开灯”行为，以便在将来高效劳动的 AI 主宰时代做出科学合理的决断。

4.2.2 流程资讯能力

与决策层相比，执行层似乎一直都没有得到充分利用的资源。例如 AI 有能力分析和处理大量的信息，从而大幅度提高相关操作的效率和质量，这是执行层很难做到的。

也就是说，AI 可以通过某些方式（例如合成数据、做出决策等），提高执行层在操作流程中的效率。在这种情况下，执行层不仅应该重新设计 AI 的操作，而且还应该重新塑造 AI 的能力，以此来为集成的方法提供支持，从而应对更加复杂和困难的决策。

目前，AI 正用一种人类还没有掌握的方法，对之前那种“以客户为中心”的内部操作流程进行改变，这显然是企业操作管理与机器人流程自动化操作的融合。或者可以更加广泛地说，除了机器人流程自动化，还有一些别的例子，如对以客户语音识别身份验证系统来说，我们可以在某些行业中大幅度提高客户沟通服务的质量。

4.2.3 算法能力与判断力

虽然并不是每一个执行层的员工都要成为 AI 科学家，但是对于他们而言，拥有基本的算法能力和数据处理分析能力确实是非常重要的。通常情况下，企业的核心利益来源应该包括以下两个：

（1）执行层可以详细描述 AI 的能力，并与企业达成合作，共同不断地改进模型。

（2）执行层应该理解驱动机器学习的一些数学概念，以便在第一时间发挥创造力。值得一提的是，这里所说的创造力，不仅可以使执行层尽快构建起 AI 能力框架，还可以促使执行层为企业创造更加丰厚的效益。

此外，判断力也是执行层必备的一项能力。执行层的大部分时间都已经被工作占据，但在不久的将来，AI 会帮助执行层完成一部分工作，成为他们的“好帮手”。到了那个时候，执行层不仅要有接受 AI 这一全新技术的准备，还要在更加复杂和困难的决策中运用自己的判断力。

当然，要想实现这样的转变并不容易，执行层除了要具备解决问题的能力，还必须掌握像 AI 那样的解决问题的技巧。总而言之，在AI时代，执行层有必要不断提升自己，同时也有必要学会更多的AI的技能。

4.2.4 平台及数据管理能力

平台及数据管理能力是执行层必备的又一项技能，该项技能可以帮助执行层处理更多的信息、管理更多的技术平台。一般来说，机器学习方法只可以生成与输入数据质量相类似的预测模型。在这种情况下，对于企业而言，组织和数据质量便不能算是一个新的挑战。

另外，如果执行层不具备平台及数据管理能力，那么AI很有可能会遇到困难。因此，执行层必须冒险一试，努力将自己打造成一个可以使AI摆脱瓶颈期的“绝佳能手”。

随着AI的不断发展，世界上所有的企业中都将出现AI的身影。作为企业中的重要部分，执行层有必要，也有理由去掌握这一项全新的技术。执行层面临的最大机遇就是对劳动进行重塑，让自己尽快适应正在来临的AI时代。

从目前的情况来看，执行层要做的事情还有很多。首先，执行层应该把精力集中在那些能够进行高效管理的AI产品（包括AI软件、AI机器、AI机器人）上；其次，再去关注那些AI产品所使用的数据和算法；最后，想方设法提高自己的判断力和领导力。

做好上述事情，执行层就可以进一步促进 AI 的优化，从而为自己的企业做出更大的贡献。由此可见，面对被 AI 取代的威胁，执行层不应该自暴自弃或停滞不前，而是应该掌握一些必备的 AI 技能，以便更好地控制 AI。

第五章

AI 重新定义农业：科技兴农，发家致富

对于人类而言，农业领域面临的挑战应该比其他领域更大。相关数据显示，在世界范围内，有将近8亿人正遭受着饥饿威胁，并且这一数字还在持续增长。也就是说，要想消除饥饿的威胁，就要想方设法提高粮食产量，而AI则是其中的一颗“灵丹妙药”。

5.1 农民升级科技达人，农事安排更合理

毋庸置疑，“AI+农业”已然成为一个非常关键的发展趋势，不过，对于广大农民而言，这无疑是一次“农业地震”。在此次“地震”中，这些农民会不会像电话推销员、会计一样，面临着失业的风险呢？暂时不会。

从本质上来说，“AI+农业”应该是一项民生工程，一切都要以农民为本。在发展的初期阶段，无论是传统观念的转变，还是AI的实际应用，都会给农民一段适应和成长的时间。对于农民而言，这段时间也会经历一次思想上的颠覆。如图5-1所示为温室控制面板旁的农场工人和科学家。

图 5-1　温室控制面板旁的农场工人和科学家

不过，到了发展的后期阶段，“优胜劣汰”这一定律也会在农民群体中发挥作用。在这种情况下，如果农民不想失业，那么就要与时俱进，不断学习，从而尽快让自己变成一个科技达人，以便更好、更合理地安排农事。

5.1.1　物联网系统：实时监控作物生长状况

随着AI的不断发展，“农业物联网系统”也得到了非常普遍的应用。据了解，“农业物联网系统”立足于现代农业，融合了包括物联网、云计算、移动互联网在内的多项国际领先技术。另外，值得一提的是，其架构一共包含4层，如图5-2所示。

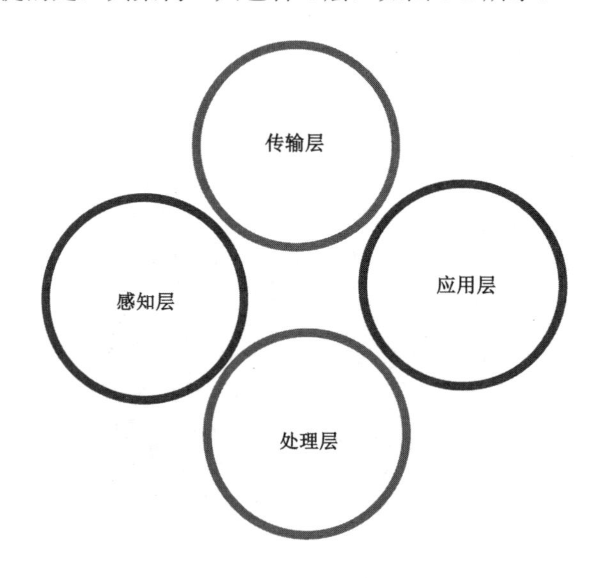

图5-2　“农业物联网系统”的架构

由此可见，“农业物联网系统”不仅拥有坚实的技术基础，还得到了多层次架构的支持，那么，其功能是不是也非常强大呢？答案是肯定的。据相关人士透露，“农业物联网系统”主要有以下几个功能：

1. 远程自动控制

当“农业物联网系统”监测到农场的某些参数（如空气湿度、

光照强度、二氧化碳浓度）已经严重超标时，农民就可以通过电脑或手机远程控制风机、卷帘机、灌溉机等相应设备，使农场变成一个适宜作物生长的环境，从而在一定程度上保证农产品的质量。

2. 随时掌握农业现场数据

“农业物联网系统”中的监控中心，可以在结合园区平面图的情况下，帮助农民掌握农场的各项数据，如土壤数据、气象数据等。此外，监控中心还可以实现对农机设备运行状态的实时监控。

其中，气象数据主要包括光照强度、光照时长、降雨量、风速、风向、空气湿度、空气温度、二氧化碳浓度等；土壤数据主要包括土壤含水率、土壤温度、土壤 EC 值、土壤张力、土壤 pH 值等；而农机设备运行状态则主要包括水泵压力、水表流量、灯光状态、设备位置、卷帘状态、阀门状态等。

由此可见，有了“农业物联网系统”以后，农民就可以轻松地掌握各种各样的数据，同时还可以监控农机设备的所有运行状态。

3. 智能自动报警

农民可以根据作物生长所需环境条件，对“农业物联网系统”进行预警设置。这样，只要出现了异常情况，“农业物联网系统”就会自动向农民的电脑或手机发送警报，如高温警报、高湿警报、强光照警报等。而且，当达到预警条件以后，“农业物联网系统”还可以自动控制农场的设备，而这些设备也会在第一时间自动处理异常情况。

4. 视频图像实时监控

农场安装的视频监测设备，可以全天候不间断地观察和采集作物生长信息，同时还可以将图像进行有序存储。

另外，如果农民在农场安装了多个视频监控设备，就可以从各个维度查看图片信息，从而实现对农场的全方位监控及对作物生长情况的远程观察。不仅如此，农民还可以根据设定，对农场和作物进行录像，并随时回放。

正是因为有了上述几个功能，“农业物联网系统”才可以在作物生长过程中发挥重要作用。并且，从目前的情况来看，已经有越来越多的农民开始引入此系统，这也在很大程度上推动了中国农业的持续发展。

5.1.2 机器学习技术：适时灌溉、耕耘、鉴定虫害

作物保护是现代农业的一个关键领域，将机器学习技术融入这一领域当中，不仅可以改进农业生产过程，而且可以满足人类的粮食需求。更重要的是，自然资源也可以得到更加高效的使用。

作为一个比较宽泛的概念，作物保护包含灌溉（如图 5-3 为 SOD 农场浇水系统在工作）、耕耘、处理虫害等多个方面。其中

最重要的就是处理虫害。在处理虫害时，精准的鉴定非常重要。一般来讲，传统的虫害鉴定是由农民通过视觉检查来完成的，这种方式存在两个比较明显的弊端——效率低、误差大。

图 5-3　SOD 农场浇水系统在工作

然而，对于一台融合了机器学习技术的计算机而言，鉴定虫害实际上就是一个模式识别的过程。在对数以万计的虫害作物照片进行归类后，计算机可以确定虫害的严重程度、持续时间，未来甚至还可以为农民提供一套完善的解决方案。这样，虫害带来的损失就会降到最低。

现代农业的机器学习技术有利于保证虫害鉴定的精准性，同时还有利于减少因鉴定失误而导致的能源和资源的浪费。另外，农民也可以将卫星、巡游器、无人机等高端设备拍下的农场影像资料及手机拍摄的作物图像资料上传，然后使用某些AI技术对其进行鉴定并制订相应的管理计划。

当然，除了鉴定虫害，机器学习技术还可以帮助农民实现对作物的适时灌溉及对土地的适时耕耘。于是，很多农民都开始重视并希望尽快引入机器学习技术，而这也进一步推动了现代农业的进步和完善。

5.1.3 农民利用机器人，提升种植、采摘效率

以前，作物的采摘基本上都依赖于艰苦的体力劳动，而且经常会受到天气状况的限制。然而，无论是发展中国家还是发达国家，都面临着农民短缺的巨大难题。相关数据显示，到2050年，要想维持全球人口的增长，作物产量必须比之前增加50%以上，但农民短缺、气候变化等因素却会使作物产量下降25%。

在这种情况下，农民就希望可以尽快实现农业劳动的自动化，以此来提升农业劳动的效率。值得欣慰的是，自从机器人出现以后，农民的这一希望正在逐渐变为现实。目前，越来越多的机器人已经走进农场，而且这些机器人还都有各自的负责领域，其中最具代表性的是以下几种。

1. 种植蔬菜的机器人

在“寿光蔬菜博览会”上，由寿光科技人员自主设计和研发的智能机器人正式亮相。无论是蔬菜的采摘工作，还是蔬菜的管理工作，这个智能机器人都完成得特别出色，而且它的动作非常流畅，也非常精准。

寿光的智能机器人拥有比较独特的能源系统，在太阳能电池板的助力下，该能源系统可以实现太阳能和电能之间的转化（将太阳能转化为电能）。不仅如此，该能源系统还可以通过变压变频将电能存储起来。

当电量不足时，智能机器人可以自己搜索充电地点，并在第一时间进行充电对接。充满电以后，它还会接着执行之前没有完成的工作。

2. 分拣果实的机器人

在农业生产中，采摘和分拣果实是必不可少的工作，而这一工作往往需要投入大量的劳动力。英国一家农机研究所的研究人员便设计和研发出了一个可以分拣果实的机器人，从而实现了真正意义上的分拣果实自动化。

这个分拣果实机器人不仅结构坚固耐用，而且操作还非常简便。另外，由于它采用了提升分拣机械组合装置及光电图像辨别技术，所以它可以在一些比较差的环境（如潮湿、泥泞等）中工作。

另外，分拣果实机器人还可以对小粒樱桃和大个西红柿进行区分，然后完成分拣装运，更重要的是，它还可以在不擦伤果实外皮的情况下将不同大小的土豆分类。

3. 喷雾打药的机器人

北京一家植物保护企业与意大利、西班牙达成了合作，共同生产了一款喷雾机器人。这款喷雾机器人足足有三四个人的高度，独特的外壳造型使其看起来像科幻影视作品中的“外星人”。

每当发生虫害的时候，农民就需要雇人为作物喷洒农药。不过，随着时代的发展，即使花费一大笔资金也很难雇到肯做这个工作的人。而且有些作物成熟以后到达两三米的高度，普通的悬挂式喷杆喷雾机根本发挥不了太大作用。

上面提到的喷雾机器人则可以自由调节高度和行距，不仅如此，独特的设计也可以使其轻松进入各种高度的农场，并且不会对作物造成任何损伤。

4. 嫁接的机器人

中国农业大学工学院农业机器人实验室负责人张铁中研制了一款嫁接机器人。据了解，该嫁接机器人分为砧木供苗系统、穗木供苗系统等部分。如果将作物苗放在系统（如砧木供苗系统、穗木供苗系统等）中，那么只需要一个步骤，机器人就可以迅速完成某些操作，例如抓取切苗、精确定位、接合固定等。

不仅如此，从放苗到嫁接成功，机器人只需要几秒即可完成。另外，在一个小时以内，这个嫁接机器人至少可以嫁接 400 株作物苗，远远高于农民的嫁接效率。更重要的是，由嫁接机器人嫁接的作物苗，成活率已经达到了95%。

当然，除了上述几种机器人，还有一些可以完成其他农业工作的机器人，例如灌溉的机器人、播种的机器人等。有了它们以后，不仅农业工作的质量和效率有了大幅度提升，农民的工作量也比之前减少了很多。

5.1.4 农作物育种专家借深度学习做好农作物育种

很多农业专家认为，现代农业的核心目标是研发和培育出更多的新品种。在这个方面，深度学习可以带来不少好处，最具代表性的就是它可以让作物育种过程得到加更精准有效的改进。在作物育种领域，深度学习正在帮助作物育种专家研发和培育更加高产的种子，以更好地满足人民对粮食的巨大需求。

很久以前，一大批作物育种专家就开始寻找特定的性状，一旦找到，这些特定的性状不仅可以帮助作物更高效地利用水和养分，还可以帮助作物更好地适应气候变化、抵御虫害。

要想让一株作物遗传一项特定的性状，作物育种专家就必须找到正确的基因序列。这件事情做起来并不容易，之所以会这样说，主要是因为作物育种专家也很难知道哪一段基因序列才是正确的。

在研发和培育新品种时，作物育种家面临着数以百万计的选择，然而，自从深度学习这一技术出现以后，十年以内的相关信息

（如作物对某种特定性状的遗传性、作物在不同气候条件下的具体表现等）就可以被提取出来。不仅如此，深度学习技术还可以用这些信息来建立一个概率模型。

拥有了这些远远超出某一个作物育种专家能够掌握的信息，深度学习技术就可以对哪些基因最有可能控制作物的某种特定性状进行精准预测。面对数以百万计的基因序列，前沿的深度学习技术的确极大地缩小了搜索范围。

实际上，深度学习技术是上文提到的机器学习技术的一个重要分支，其作用就是从原始数据的不同集合中推导出最终的结论。有了深度学习的帮助，作物育种已经变得比之前更加精准，也更加高效。值得注意的是，深度学习还可以对更大范围内的变量进行评估。

为了判断一个新的作物品种在不同条件下究竟会表现如何，作物育种专家已经可以通过计算机模拟来完成早期测试。在短期内，这样的数字测试虽然不会取代实地研究，但它可以提升作物育种家预测作物表现的准确性。

也就是说，在一个新的作物品种被种到土壤中之前，深度学习技术已经帮助作物育种专家完成了一次非常全面的测试，这样的测试也将会使作物更好地生长。

5.2　AI 农业设备典型案例

2017 年 7 月 8 日，国务院正式发布了《新一代人工智能发展规划》（以下简称《发展规划》）。《发展规划》明确指出，到 2025 年人工智能基础理论实现重大突破，部分技术与应用达到世界领先水平，人工智能产业进入全球价值链高端，新一代人工智能在智能制造、智能医疗、智慧城市、智能农业、国防建设等领域得到广泛应用，人工智能核心产业规模超过 4000 亿元，带动相关产业实现规模超过 5 万亿元的战略目标。作为其中的一个重点项目，智能农业究竟是怎样落地的呢？最关键的应该是 AI 农业设备的不断出现，例如种子种植机器人、智能滴灌系统、智能分拣机等，这些 AI 农业设备都在农业工作中发挥了非常重要的作用。

5.2.1　种子种植机器人：变速率种植和作物轮作

从目前的情况来看，人类似乎已经成为限制农业发展的一个重要因素，要想消除这一限制因素，就要依靠某些先进技术来提高农业工作的效率和质量，AI 技术则是其中具有代表性的。

如图 5-4 所示为智能种植。

图 5-4　智能种植

早在 2013 年，美国发明家戴伟·道浩特就研发出了一个基于 AI 的种子种植机器人——Prospero。

当 Prospero 深入农场时，它会先根据种子和土壤等类型的不同，找到可以获得最大收益的种植方法，然后进行精准的耕耘和种植。另外，Prospero 还会检查预想的位置是不是都已经种植了种子，如果不是，那它就会把种子种植到空缺的位置上，同时还会做好标记。

做标记这一行为应该是从蚂蚁那里学来的，因为通常来讲，为了让别的蚂蚁可以顺利找到目标地点，蚂蚁会利用信息素留下标记。Prospero 也会在种植下种子以后喷洒白色颜料，并使周围土壤的反射率发生改变，这样，一旦其他的 Prospero 看到白色颜料，就可以迅速知道这块位置已经种植了种子，从而在很大程度上避免了重复种植现象的发生。

据了解，Prospero 是集群到农场工作的，在红外线的助力下，不同 Prospero 之间可以进行有效沟通，从而组成了一个执行博弈论运算的系统。另外，Prospero 还可以记住每颗种子是在哪一个位置种下的，并在需要协作时相互给予信号，使种子种植间距得以优化。

Prospero 的操作并不是特别复杂，也根本不需要 GPS 那样的数据密集型系统，因此它非常适合大部分农民使用。

在 Prospero 刚刚出现时，种子种植自动化还处于起步阶段，但发展到现在，这项技术已经变得越来越成熟。除了种子种植机器人，分拣机器人、采摘机器人等也开始走进农场，这也在很大程度上促进了现代农业的良好发展。

5.2.2 智能滴灌系统：借云计算进行滴灌

对于广大农民而言，什么时候灌溉和灌溉量是多少无疑是两个非常棘手的问题。从目前的情况来看，解决这两个问题的办法一共有两种，具体如下：

（1）根据高校或农科院总结出来的作物生长规律进行灌溉。

（2）根据农民多年来积累的经验进行灌溉。

相关数据显示，中国农业用水效率仅为45%左右，与欧美国家70%～80%的用水效率相比还有很大的差距；中国亩均灌水量已经超过了500立方米，达到了实际需水量的2～3倍。由此看来，如果将灌溉环节改善好，那么中国的农业用水将会节省很多。随着相关技术的不断发展，这一想法已经变成了现实。具体来讲，通过前沿的云计算技术，我们可以实现真正意义上的灌溉自动化，从而使灌溉效率和灌溉质量都有大幅度提升。

如今，在中国，越来越多的企业开始设计和研发智能滴灌系统，远大就是其中极具代表性的一个。

在沈阳远大AA智能滴灌系统推介会上，远大副总裁李振才说："我们找到了可以提供作物需求实时数据的'专家'，这就是作物的根系。远大AA智能滴灌系统通过在作物根部设置传感器，与之直接'对话'，实时掌握作物的生长需求，并根据这些需求确定灌溉施肥的时间和数量。"

据了解，远大的智能滴灌系统被从以色列引进以后，远大又在原有技术的基础上，进行了创新。值得一提的是，该智能滴灌系统与中国的实际情况十分符合，而且还适用于沙地及其他各种土地。也正因为如此，很多专家认为，这是一个适用于绝大多数作物的智能精准滴灌系统。

通过设置在农场的传感器，智能滴灌系统可以对作物根部的细微变化进行精确测量。不仅如此，通过自动为作物灌溉，智能滴灌系统还可以使作物根部保持一个最佳的吸氧状态，从而进一步促进作物生长。

在智能滴灌系统的云端中有一个巨大的数据库，云端中的数据都是通过多年科研、种植得出的。有了这些数据以后，智能滴灌系统就可以对比分析农场的数据与云端数据库中的数据，准确判断作物的真实生长需求，然后根据需求为作物灌溉。可以说，云端的海量数据使得判断农场情况的方式发生了巨大的改变。

“农业已经进入了以大数据、云计算、物联网、自动化为代表的现代农业 4.0 时代，将实现针对不同作物定制个性化的精准施肥、灌溉方案。”李振才明确表示。而且，与传统滴灌相比，远大的智能滴灌系统还可以有效改善中国农业的缺水状况。

以智能滴灌系统为代表的农业自动化产品已经投入了使用，也获得了一大批农民的认可和喜爱。在这些自动化产品的辅助下，农民收入增加环境也有所改善。

5.2.3 智能分拣机：借机器视觉提升分拣效率

对于广大农民，尤其是种植蔬菜和水果的农民而言，秋天不单单是一个收获的季节，同时也是一个最繁忙的季节。因为他们除了要采摘成熟的农产品，还要对这些农产品进行细致的分拣筛选，这个工程量是非常大的。如图 5-5 所示为智能分拣苹果。

图 5-5 智能分拣苹果

一些规模比较大的果蔬种植园，每年都需要花费上万元的资金雇用专门的工人对农产品进行分拣。不仅如此，工人在进行分拣时还要保证进度，因为一旦进度没有达到要求，很可能就赶不上销售农产品的黄金时间。

为了解决这个难题，2017 年，北京工业大学的几个学生研发了一个以 AI 为基础的智能分拣机。该智能分拣机主要由图 5-6 所示的 3 个部分组成。

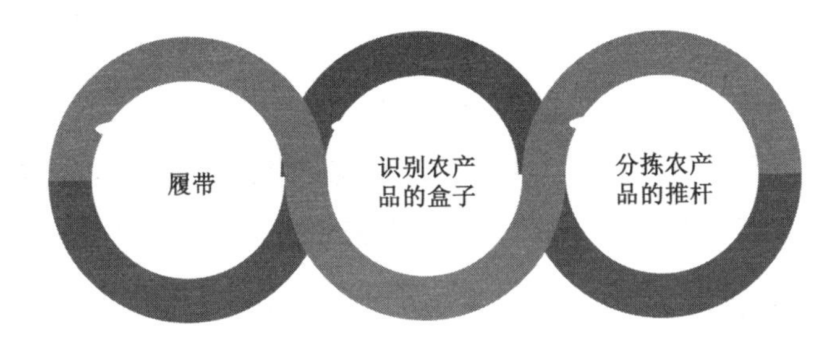

图 5-6　智能分拣机的 3 个主要组成部分

农民只需要把分拣的农产品放到智能分拣机的履带上，农产品就会顺着履带进入识别农产品的盒子，然后这个盒子就会自动判断农产品属于哪一品类，并把相关信息传递给分拣农产品的推杆，最后推杆就会把农产品推进它应该归类的篮子中。

在整个过程中，最重要的环节就是在盒子里对农产品进行识别。可能很多人不解，为什么智能分拣机会有如此强大的功能，可以判断出农产品属于什么品类呢？实际上，一个最主要的原因是，智能分拣机背后有先进技术的支撑和帮助，例如机器学习技术、机器视觉技术等。

2017 年，北京平谷的一个水蜜桃种植基地引进了这款智能分拣机。据了解，研发者给智能分拣机“学习”了超过 6000 张基地水蜜桃照片，主要目的就是让智能分拣机更好地分拣水蜜桃。

在“学习”基地水蜜桃照片时，智能分拣机可以自动将不同品类的水蜜桃的特征提取出来，并形成一套缜密的分类逻辑。例如，如果水蜜桃颜色比较黄，也比较硬，那么可以直接被送到市场销售；如果水蜜桃颜色比较深，也比较软，那么可以被做成水蜜桃果汁。

只要形成这样的分类逻辑，智能分拣机就可以划分出水蜜桃的品类，并将其放在与自身品类相对应的篮子中。不仅如此，随着分拣工作的持续和深入，智能分拣机还会积累很多新的水蜜桃分类数据，从而使自己的分拣准确率大幅度提高。

据水蜜桃种植基地的负责人透露，引进了智能分拣机以后，基地的整体分拣准确率有了很大的提升，已经可以达到90%以上。

世界上的智能分拣机的数量已经越来越多，例如2017年8月，日本研发了一台黄瓜智能分拣机，而该智能分拣机也是在“学习”了大量的黄瓜照片以后，才练就出“火眼金睛”的本领。

当然，除了农业领域，智能分拣机还可以被应用于其他领域。例如很多快递企业都依靠智能分拣机来完成快递分类的工作，一些发达地区使用智能分拣机来进行垃圾分类等。毋庸置疑，未来，作为新一轮产业变革的重要驱动力，AI 一定会释放出非常强大的能量，而这一能量也将推动中国的进步和发展。

 5.3 新兴“家庭农场”面对 AI 的新思路

在中国，“家庭农场”应该是一个新概念，指的是以家庭成员为主要劳动力，从事农业规模化、集约化、商品化生产经营，并以农业收入为家庭主要收入来源的新型农业经营主体。从目前的情况来看，随着 AI 的不断发展，“家庭农场”正面临着越来越严峻的挑战。而如何应对这一挑战也就自然而然成为一个亟待解决的问题。首先，我们应该利用高新技术，发展“精准农业”；其次，我们应该尽快打造一条垂直一体化的农业链；最后，我们应该努力打造农产品品牌，拓展新思路。本节就对此进行详细说明。

如图 5-7 所示为切花郁金香生产技术。

图 5-7　切花郁金香生产技术

5.3.1 利用高新技术，发展“精准农业”

随着数字化浪潮的到来，“精准农业”也已经变得越来越火热，并潜移默化地对新兴“家庭农场”产生重要影响。据联合国粮农组织预测，到2050年，世界人口将达到97亿，然而目前的粮食产量远远无法“养活”这么多人。因此，人类必须想办法让粮食产量得到大幅度增加。与此同时，人类还不得不面对水、土地、气候等自然资源越来越稀缺的现实。

那么，如何才能解决上述问题呢？发展“精准农业”就是一个不错的办法。“精准农业”这一概念最早出现在美国，主要由图5-8所示的3个部分组成。

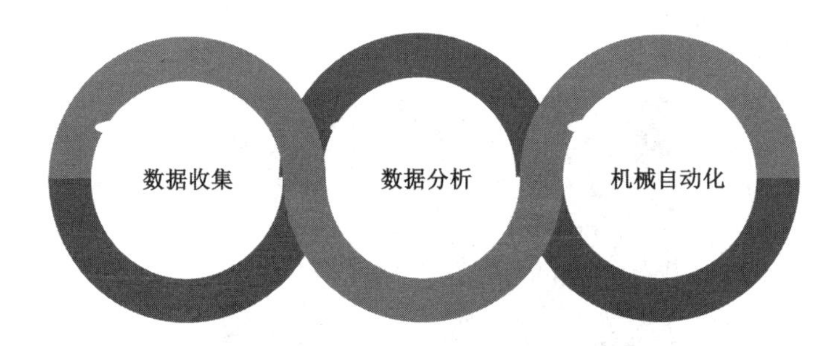

图5-8 “精准农业”的3个组成部分

除了图5-8中的3个组成部分，“精准农业”的10个组成系统包括全球定位系统（GPS）、农田遥感监测系统（RS）、农田地理信息系统（GIS）、智能化农机具系统、农田信息采集系统、农业专家系统、网络化管理系统、环境监测系统、培训系统、系统集成。

在发展“精准农业”的过程中，“家庭农场”主应该掌握并做到以下3个方面。

（1）定位的精准：精准地确定杀虫、除草、灌溉、施肥等的位置。

（2）定量的精准：精准地确定农药、除草剂、灌溉水、肥料等的使用量。

（3）定时的精准：精准地确定杀虫、除草、灌溉、施肥等的时间。

很多农业专家认为，“精准农业”其实就是一种基于大量信息的农业管理系统。在传感器及监测技术的支持下，这一系统可以方便、准确、及时、完整地获取农场的关键数据，同时还可以根据各因素在控制作物生长中的作用及其相互关系，迅速做出科学合理的管理决策，从而控制对作物的投入。

如果一个“家庭农场”真的可以发展好“精准农业”，那么这不仅可以使各项农业投入获得最大限度的优化，而且还可以在一定程度上保证作物产量的最高化及经济效益的最大化。

更重要的是，通过发展“精准农业”，广大“家庭农场”主可以尽快适应飞速而来的AI时代，并在保护农业生态环境和农业自然资源的同时促进自身的长远发展。

5.3.2 打造垂直一体化的农业链

众所周知，中国是一个农业大国。相关数据显示，截至 2018 年 3 月，中国的耕地面积大约为 18.26 亿亩，虽然已经减少了 1 亿多亩，但与其他国家相比已经算非常充足了。不过，随着时代的不断发展，很多人都不愿意从事与农业相关的工作，原因主要包括以下几点：

（1）现在的工作种类比以前多，社会竞争压力也比以前大了很多，所以很多年轻人都希望从事一些与新时代挂钩的工作，如程序员、网络运营者等。

（2）大部分农场都位于比较偏远的山区，这些山区不仅经济水平比较低，环境也比较差，而且农业模式也不是那么先进。

（3）气候会对农业工作产生非常大的影响，随着气候的不断变化，农业工作越来越不好完成，作物生长也受到了一定的限制。

（4）农产品销售渠道比较少，很可能会出现付出与回报不成正比的现象。

由此来看，在发展农业这件事情上，我们还是应该与时俱进、积极创新。现在，AI 的不断发展为农业带来了一份非常大的希望，而融入了 AI 的农业工作似乎也充满了新时代的气息。

2017 年年底，“第十九届中国国际高新技术成果交易会”正式召开，在此次大会上，出现了很多与农业有关的 AI 产品，而且也获得了广泛关注。

除了 AI 产品，会上还展示了先进技术，例如自动种植种子、测试土壤、灾害预警等。如果将这些技术应用到农业工作中，那么无论是管理农场，还是监控农场，都可以实现自动化。

实际上，在中国，与农业相关的 AI 产品和先进技术还并没有被广泛推行。虽然中国正致力于实现工业化，但无论在什么时候，农业都是一个大国“安身立命”的根本。目前，AI 已经开始为农业赋能，而且这也逐渐成为一个非常重要的发展趋势。

如果“家庭农场”想要顺应这一趋势，从而使自身获得良好发展，那就应该积极引入 AI，争取打造出一条垂直一体化的农业链。可以预见的是，未来“家庭农场”会从 AI 那里得到越来越多的好处。

5.3.3 打造农产品品牌，拓展新思路

2015 年，一位名叫赵留勋的农民曾说：“几年前每千克孟津梨仅卖 1 元，通过商标注册、地理标识认证、精品包装后，现在每千克卖 12 元。俺们真正尝到了打造优质品牌的甜头。”实际上，在这份喜悦的背后还隐藏着农产品品牌价值提升的信息。

虽然与 2015 年相比，现在的农业领域已经发生了很多变化，

但始终没变的就是农产品品牌的重要性。而且，在AI的影响下，打造农产品品牌已经成为一项必不可少的工作。那么，作为农业领域的一个重要部分，“家庭农场”应该如何打造农产品品牌呢？我们需要从以下几方面着手。

1. 摆脱传统的“小而散”的经营模式，提升品牌影响力

随着市场化的不断发展，农业也开始向产业化发展。在这种情况下，之前那种“小而散”的经营模式已经不再适用。只有尽快调整农业结构，走上“抱团”发展的道路，才有更多的机会赢得市场。

2017年，为了让水蜜桃可以更好地销售出去，某市的4个大型“家庭农场”达成了合作，携手建立了水蜜桃产业发展联合党支部，接着又在此基础上成立了水蜜桃发展协会，最终形成了“联合党支部+协会+农场”的新型模式。

自该新型模式形成以后，联合党支部就会定期邀请农业专家为“家庭农场”主传授种植经验，同时还会定期组织产销座谈会。在一系列活动的助力下，这4家大型“家庭农场”已经拥有了统一的品牌，而且还招揽了很多小型“家庭农场”，效益、水蜜桃产量、品牌影响力也有了很大的提升。

2. 借助前沿技术的力量，提升农产品品质

通过前沿技术创新农产品是打造农产品品牌的一个方式。在这方面，伊川县平等乡的马庄食用菌种植专业合作社就做得非常不错。之前，该合作社独创了一套“仿野生伊川平菇立体覆泥栽培模

式”，成功提升了自己的影响力和名气，同时也开辟了一条新的农业之路。

据了解，在“仿野生伊川平菇立体覆泥栽培模式”下产出的平菇，无论是氨基酸含量还是维生素含量，都比之前高很多，受到了广大客户的认可和喜爱。

另外，据该合作社理事长王建民表示，他们的平菇都是在“模拟自然环境”中生长而成的。首先，他们用铡草机把玉米秸秆切成小段，每个小段大约长 1.5 厘米；其次，掺入一些有机肥料（如鸡粪、牛粪等），经过搅拌、发酵、消毒、装袋等制成“平菇墙”；最后，用特制的“泥土”进行固定，不用多长时间，平菇就可以长出来。

值得一提的是，该合作社注册的“马庄育良”商标早就已经被评为河南省著名商标。而且，该合作社生产的农产品也已经“冲出”了河南这一片本地市场，开始销往北京、山东等多座城市。

3. 拓展营销新思路，延伸营销新方式

洛宁苹果曾在人民网的官方微博上为自己打广告，并引发了广泛关注。与此同时，这种依托于现代互联网工具的营销方式也获得了用户认可，受到用户好评。

相关数据显示，该条微博发出以后，仅仅一个小时，点击量就达到了 3.1 万次。网友们还纷纷提出各种各样的问题，洛宁苹果的相关负责人也都一一回复。

由此可见，随着新时代的到来，营销方式也应该进一步拓展和延伸。无论是“家庭农场”，还是农产品企业，都应该抓住互联网的机遇，尽快打造出一个属于自己的品牌。

王晓波是洛阳市农产品安全监测中心的主任，他曾说过：“当优势农产品逐渐多起来，品牌也随之稳步提升时，这将对我们洛阳市的农业产业化发展起到更大的引领作用。”可见，洛阳市已经高度重视品牌打造。

不仅仅是洛阳市，还有很多城市也都开始重视品牌打造，这也为各个城市的“家庭农场”和农产品企业指明了正确的发展方向。目前，打造农产品品牌已经成为农业工作中的一个关键环节，这个环节也将会推动农业现代化及产业化的不断发展。

第六章

AI 重新定义工人：提高工效，智造未来

从目前的情况来看，AI 的影响力似乎已经蔓延到工业领域，与此同时，包括机械手臂在内的 AI 产品也逐步占领了工人的工作岗位。AI 技术引领的这次新变革，在为工人带来轻松、效率、安全的同时，也为工人带来了担忧和恐慌。随着 AI 的不断进步与发展，AI 产品很可能会具有细腻的情感和缜密的思维。这究竟是福还是祸，似乎还没有办法判断，但有一点可以肯定的是，AI 已经对工人进行了重新定义。

6.1 告别重体力，变身 AI 操作工

在工业领域，一个大趋势是由 AI 产品来完成重体力工作，而工人则变身为操作者，操作着这些 AI 产品。为什么会出现这样的大趋势呢？首先，AI 产品不会“厌倦”那些简单、重复性高的工作，它只会严格按照要求完成任务，而且几乎不会出现任何失误；其次，AI 产品不会感到“疲惫”，只要部件没有损坏，它就可以全天候不

间断地工作；最后，AI 产品的工作非常精准，以打磨零件来说，甚至已经可以达到微米级别。如图 6-1 所示为机械手臂帮助工人完成重体力工作。

图 6-1　机械手臂帮助工人完成重体力工作

6.1.1　操作机械手臂：工作更轻松安全

在所有的自动化产品中，机械手臂是比较具有代表性的一个。通常，机械手臂由如图 6-2 所示的几部分组成。

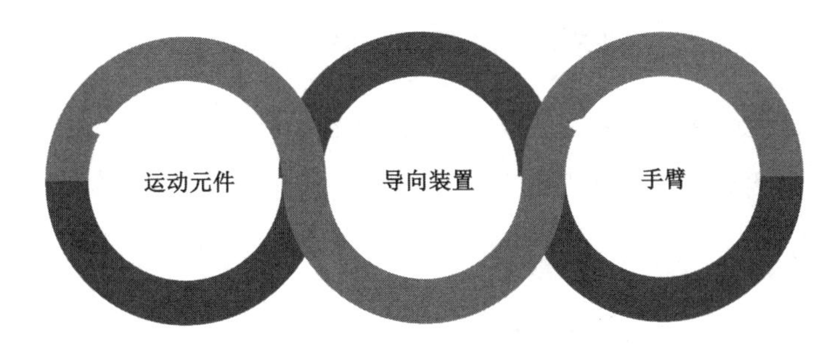

图 6-2　机械手臂的组成部分

其中，运动元件的作用是驱动手臂运动，主要包括油缸、凸轮、齿条、汽缸等；导向装置的作用是保证手臂的正确方向，承受由于产品重量所产生的弯曲和扭转；手臂的作用是连接和承受外力。

这里值得一提的是，安装在手臂上的零部件非常多，如冷却装置、自动检测装置、控制件、管路、油缸、行程定位装置、导向杆等。因此，手臂的工作范围、动作精度、结构、承载能力都会对机械手臂的性能产生非常大的影响。如图 6-3 所示为机械手臂协同工作。

图 6-3　机械手臂协同工作

从目前的情况来看，在中国，机械手臂已经得到了比较广泛的应用，主要有以下几个原因：

1. 国家在政策上给予支持

国家出台了一系列与机械手臂相关的政策，为机械手臂的应用和发展提供了坚实的保障。例如 2013 年，工业和信息化部正式发布《关于推进工业机器人产业发展的指导意见》（以下简称《意见》），《意见》明确指出，“到 2020 年须形成完善的工业型机器人产业体系，高阶产品市场占有率提高到 45%以上，机器人密度（每万名工人所拥有的工业机器人数量）达到 100 个以上。”

也就是说，未来在国家政策的推动下，工业型机器人的数量将会有较大幅度的增加。而作为工业型机器人中的一个重要分支，机械手臂的数量也会随之增加。

2. 机械手臂可以提升工人的工作安全性

采用了机械手臂以后，工人的工作安全性将会有较大的提升，以前经常出现的工伤事故也会大幅度减少。在工厂所有工作都由工人来承担时，即使是经验非常丰富的工人，也会因为机器故障、工作疏忽等情况而面临受伤的危险。特别是那种倒班制的工作，工人很容易在晚上出现生理性疲劳，进而导致安全事故的发生。采用机械手臂，不仅可以使工人的安全得到保证，还可以将工厂的损失降到最低。

3. 机械手臂让工人的工作变得更加轻松

当工厂引入机械手臂以后，工人不再需要承担所有的工作，只需要看管一个或多个机械手臂即可，这样的工作要比之前轻松很多。另外，如果将机械手臂应用于生产流水线，那么这不仅会让工人更加轻松，还可以节省一大部分厂地空间。可见，无论是对于工人还是工厂来说，机械手臂都是有很多好处的。

现在，越来越多的工厂开始引入机械手臂，实现了整个流程的自动化。虽然工人的数量因此有了大幅度减少，但必须承认的是，留下的那些工人正在做着一些更加轻松也更加安全的工作。

6.1.2 借大数据进行工业生产：产品更标准、更有销路

一直以来，关于大数据的概念，学界和业界都没有达成共识。由于大数据涉及多个领域（如金融、医疗、工业、通信、商业、农业等），所以有着不同的分类方式。本节将介绍大数据在工业领域的应用。

在谈及工业大数据的时候，上海交通大学教授江志斌曾说过："大数据可以按照大数据产生的环境或场景划分，如Web和社交媒体数据、机器数据、大体量交易数据等；也可以以应用领域为划分依据，如医疗卫生大数据、金融大数据、教育大数据等。显然工业大数据是就应用领域而言的，是工业领域信息化应用所产生的各类数据。"另外，在他看来，工业大数据具备5个特点：多样性、大体量、准确性、时效性、大价值。

从目前的情况来看，很多工人和企业都已经意识到了工业大数据的重要性，而工业大数据也确实可以发挥一些比较重要的作用，具体可以从图6-4所示的两个方面进行说明。

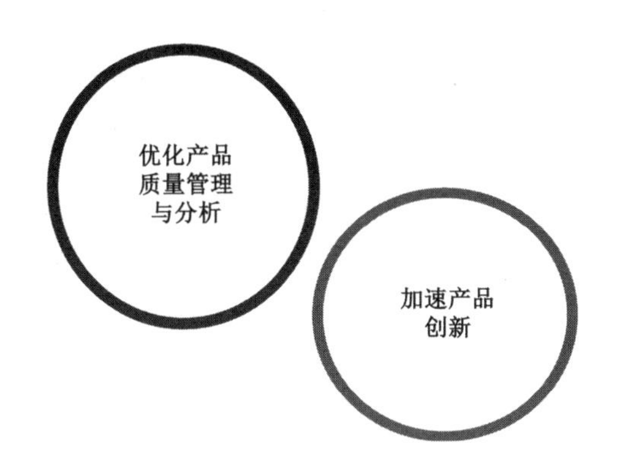

图 6-4　工业大数据的作用

1. 优化产品质量管理与分析

因为受到大数据的强烈冲击，工业领域越来越需要一些创新方法的支持。例如制造半导体芯片的过程包含很多个复杂的工艺环节（如增层、热处理、掺杂、光刻等），而且每个环节都必须达到非常严苛的物理特性要求。

另外，高度自动化的 AI 产品在加工半导体芯片的同时，也会生成各种各样的数据。对于半导体工人来说，这些数据究竟是“包袱”还是“金矿”呢？如果是“金矿”，那么半导体工人又该怎样在最短的时间内发现其中的巨大价值呢？

某半导体科技企业生产的半导体晶圆，在经过测试环节以后可以生成一个巨大的数据集，这个数据集中不仅包含几百万行的测试记录，还包含上百个测试项目。根据质量管理的相关要求，半导体工人必须对这上百个测试项目分别进行一次过程能力分析。

按照之前的工作模式，半导体工人需要分别对上百个过程能力指数进行计算，还需要对质量进行把关。这里暂且先不讨论工作的复杂与工作量的庞大，即使真的有半导体工人可以解决计算量的问题，也很难从上百个过程能力指数中看出其关联性，同时也很难判断半导体晶元的质量和性能。

但是，如果采用了大数据质量管理分析平台，那么半导体工人就可以迅速得到一个过程能力分析报表，更重要的是，他们还可以从同样的大数据集中得到一些全新的分析结果。而这些分析结果也可以使半导体晶圆的质量有一定的提升，从而促进销售工作的顺利进行。

2. 加速产品创新

一旦客户与企业之间进行了交易或者交互行为，就可以产生大量数据，如果企业对这些数据进行深度挖掘，那么就可以帮助客户参与到企业的一些创新活动中（例如产品设计、需求分析等），从而更好地推动产品创新。在这一方面，福特就做得非常好。

在创新和优化福克斯电动车的过程中，福特就采用了大数据技术，使这款电动车成为真正意义上的“大数据电动车”。无论福克斯电动车是处于行驶状态还是处于静止状态，都会产生大量数据，这些数据可以同时为客户和福特所用。

从客户的角度来看，加速度、充电频率、刹车距离、制动时间等数据可以帮助客户更好地驾驶福克斯电动车。从福特的角度来看，福特的工程师可以收集大量与驾驶行为相关的数据，并在此基础上对福克斯电动车有更加深刻的了解，从而制订出既完善又科学的改进和创新计划。

由此可见，在进行工业生产的过程中，大数据发挥着非常重要的作用。一方面，在大数据的助力下，产品变得更加符合客户的需求；另一方面，借助大数据有利于更好地销售产品。因此，工人有必要尽快掌握这项技术，以便提升自己在 AI 时代的竞争力。

6.1.3　借 AI 视觉技术进行质检：工作场地更安全

AI 视觉技术的一个主要应用就是对产品进行质检，现在越来越多的企业希望可以由智能质检设备取代质检人员，去完成一些比较基本的质检工作，例如检查产品外观是否有缺陷，检查产品尺寸是否符合标准等。如图 6-5 所示为通过光源控制啤酒质量。

让质检人员对产品进行质检，会存在以下 3 点主要缺陷：

（1）质检人员的薪酬水平与之前相比有了较大的提升，使得质检成本持续增加。

（2）当质检人员出现疲劳、操作失误、走神等情况时，可能会导致漏检、误检，甚至二次损伤。

（3）在炼钢工厂、炼铁工厂等特殊行业场景中，质检人员的安全无法得到保障，他们很有可能会受伤，甚至失去生命。

图 6-5　通过光源控制啤酒质量

然而，用智能质检设备进行质检完全可以弥补上面所说的 3 点缺陷，同时还可以让质检变得更加迅速和统一。另外，为落实《中国制造 2025》，我们应尽快完成从传统质检模式向智能质检模式的转变。在这种情况下，出现了越来越多的智能质检设备，质检云就是其中比较具有代表性的一个。

2018 年，百度云正式推出了质检云。据百度方面透露，质检云基于百度 ABC（AI、大数据、云计算）能力，深度融合了机器视觉技术和深度学习技术，不仅识别率、准确率非常高，而且易于部署和升级。另外，值得一提的是，质检云最大的创新就在于，省去了那些需要质检人员干预的环节。

据了解，除了产品质检，质检云还具有产品分类的功能。针对产品质检，质检云可以通过对多层神经网络进行训练来检测产品外观缺陷的形状、大小、位置等，更重要的是，还可以将同一产品上的多个外观缺陷进行分类识别。针对产品分类，质检云可以在 AI 的基础上为相似产品建立预测模型，从而实现精准分类。

另外，百度云方面曾明确表示，从技术层面来看，质检云具有图 6-6 所示的三大技术优势。

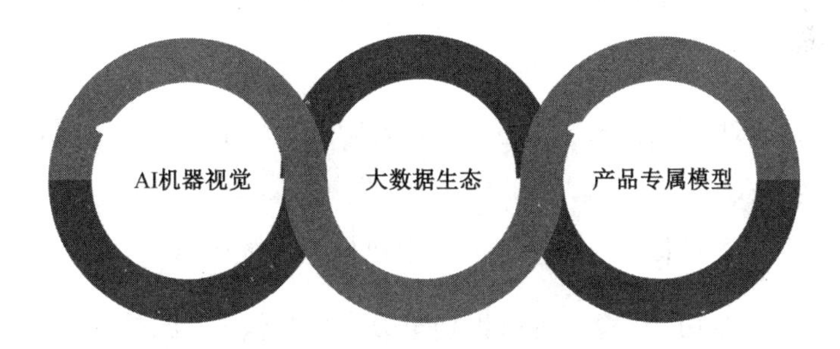

图 6-6　质检云的三大技术优势

1. AI 机器视觉

质检云基于百度多年的技术积累，实现了对工业的全面赋能。与传统视觉技术相比，AI 机器视觉技术不仅摆脱了无法识别不规则缺陷的情况，而且它的识别准确率更高，识别准确率甚至已经超过了 99%。不仅如此，这一识别准确率还会随着数据量的增加而不断提高。

2. 大数据生态

只要是质检云输出的产品质量数据，就可以直接融入百度大数据平台。这不仅有利于用户更好地掌握产品质量数据，而且有利于让这些数据成为优化产品、完善制造流程的依据。

3. 产品专属模型

质检云可以提供深度学习能力培训服务，在预制模型能力的基础上，用户可以自行对模型进行优化或拓展，并根据具体的应用场景打造出一个专属私有模型，从而使质检效率、分类效果得以大幅度提升。

与此同时，百度云方面还透露，质检云适用于大多数场景，例如屏幕生产工厂、LED 芯片工厂、炼钢工厂、炼铁工厂、玻璃制造工厂等。具体来说，质检云的应用包括但不限于以下几个。

（1）光伏 EL 质检：可以识别出数十种光伏 EL 的缺陷，例如隐裂、单晶/多晶暗域、黑角、黑边等。AI 技术使缺陷分类准确率有很大的提升。

（2）LED 芯片质检：通过深度学习技术对 LED 芯片缺陷的识别及分类进行训练，使得质检的效率和准确率都有了很大的提升。

（3）汽车零件质检：对车载关键零部件进行质检，而且支持多种 AI 机器视觉质检方式，在很大程度上加快了质检的速度。

（4）液晶屏幕质检：根据液晶屏幕外围的电路，设计并优化预测模型，大幅度提升了准确率和召回率。

目前，类似于质检云这样的智能质检设备还有很多，它们也都发挥着非常重要的作用，一方面，这些智能质检设备有利于减轻质检人员的工作压力，并在一定程度上保证质检人员的安全；另一方面，也有利于企业尽快优化产品，从而促进自身的长远发展。

6.2　AI 工厂典型案例

每天，在世界各地的工厂当中，数以百万计的工人在做着一些重复且无趣的工作，对他们来说，这无疑是身体和精神上的双重挑战。不过，随着 AI 的不断发展，机器已经进入工厂，开始帮助甚至代替工人完成很多工作。在这方面，水饺无人工厂、富士康、京东、阿里巴巴的案例都是非常具有代表性的。

如图 6-7 所示为生产线上的机器人。

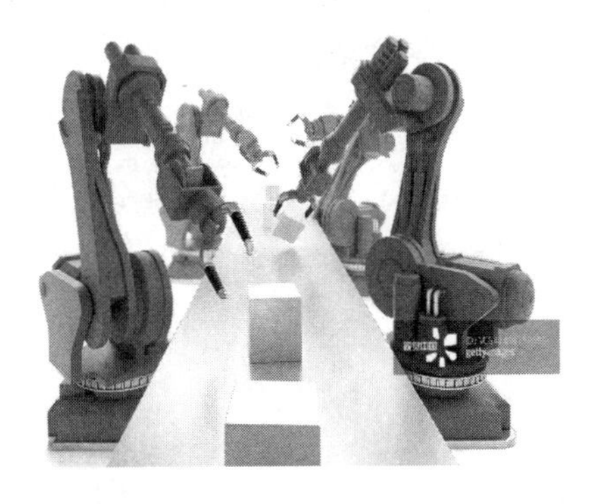

图 6-7　生产线上的机器人

6.2.1 水饺无人工厂与AI机器流水线

最近这几年，“无人化”受到了非常广泛的关注，无人超市、无人酒店、无人驾驶、无人餐厅等，一系列与“无人化”有关的新兴名词不断刷新着人类的认知。现在，中国的无人工厂也终于正式亮相。

2017年8月，坐落于秦皇岛的一家水饺工厂突然火了起来，这家水饺工厂大约有500平方米，非常干净、整洁。但奇怪的是，在这家水饺工厂中根本看不到一个工人，取而代之的则是各种各样的机器，而且这些机器可以全天候不间断地工作。

无论是和面还是放馅儿或是捏水饺，全部都由机器来完成，这家工厂俨然已经形成了一条完整的全机器化流水线。在这家水饺工厂中，一共有图6-8所示的几种类型的机器。

这些机器都有各自应该负责的工作，其中，气动抓手主要负责抓取已经包好的饺子，并将其放到精准的位置上；塑封机器主要负责给速冻过的饺子塑封；分拣机器则需要给已经塑封好的饺子分类，这里值得一提的是，由于分拣机器上有一个带吸盘的抓手，所以它不会对饺子和包装造成任何损坏；码垛机器可以将装订成箱的饺子整齐地摆放在一起。

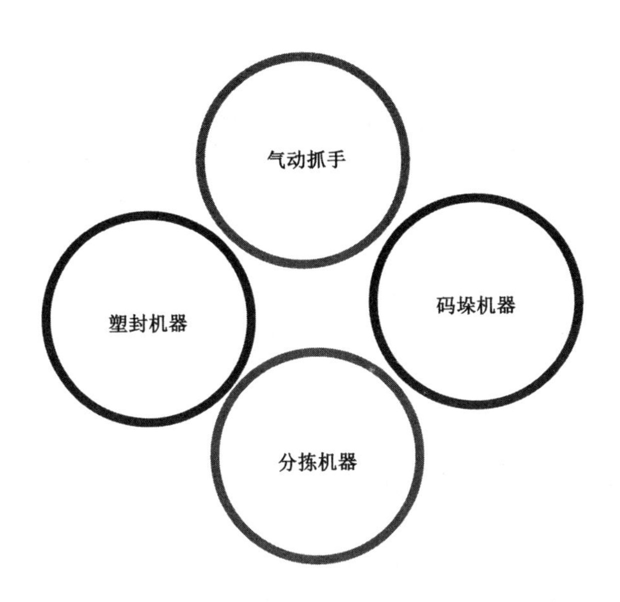

图 6-8　水饺工厂中的几种机器

引进了机器以后，这家水饺工厂的工人已经不足 20 人，而且其中的大多数都是在控制室或试验室中工作。不过，虽然工人数量大幅度减少，但工作效率一点都没有降低。

党的十九大报告中明确指出："建设现代化经济体系，必须把发展经济的着力点放在实体经济上，把提高供给体系质量作为主攻方向，显著增强我国经济质量优势。"为了响应这一要求，正大食品企业积极为这家水饺工厂投资，而这也进一步推动了水饺工厂的发展和进步。

对此，这家水饺工厂的设备工程师姜峰说："我们用设备代替了工人，用智能的机器代替了设备，在这个过程中企业大大节省了人力，也把员工从繁重的劳动中解放出来。设备先进了，故障率就低了，一般情况下我们只要完成日常点检就可以了。”

可见，通过智能化、无人化生产，这家水饺工厂的优势已经逐渐凸显出来。具体来说，智能化、无人化生产在节省人力和提高效率的同时，不仅可以大幅度降低“人为风险”，而且还可以最大限度地保障食品安全。

6.2.2 富士康：借精细化机器人加工 iPhone，节约用工成本

对于富士康来说，iPhone 无疑是一个非常重要的产品，可能是为了提高产品质量，提高生产效率或是为了减少人力成本，在很早之前就有富士康要采用机器人组装 iPhone 的新闻。富士康在这方面的部署具体分为以下 3 个阶段。

第 1 阶段——让机器人完成重复的、烦琐的工人不太愿意做的工作，还包括一些危险性比较高的工作。

第 2 阶段——对生产线进行进一步调整和改善，并在大幅度减少所需工人数量的同时，使生产效率得以迅速提升。

第 3 阶段——实现全工厂范围内的自动化，将所需工人数量降到最少，而且只让剩下的工人负责一些特定工作，例如测试、检查、维护、保障等。

从目前的情况来看，富士康正处于由第 2 阶段向第 3 阶段的过

渡时期。另外，在这个过渡时期，机器人 Foxbot 扮演了非常关键的角色，它也是富士康迈向工业 4.0 的重要指标。

实际上，早在 2006 年，富士康就推出了名为“富士康深圳一号”的机器人。2011 年，鸿海集团董事长郭台铭又发出富士康机器人数量要在 2014 年达到 100 万个的号召。如今，富士康机器人终于在历经磨难以后“开花结果”。

据了解，2016 年，富士康大批量组装 iPhone 7 的时候，机器人就派上了很大的用场。相关数据显示，用于组装 iPhone 7 的机器人已经达到了上万个。富士康方面也透露，机器人的单价为 2.5 万美元左右，基本上每个机器人都可以组装 3 万台以上 iPhone 7，这的确为富士康提升了不少效率。

当时还有媒体推测，2016 年上市的所有 iPhone 7 很可能都是由富士康机器人组装的。当然，这种推测也并不是毫无根据的。同年，富士康自动化技术委员会总经理戴家鹏在国际机器人专题研讨会上，因推动机器人事业发展与应用而被授予“恩格尔伯格机器人技术奖”。要知道，这个奖项可有机器人领域的诺贝尔奖之称。也就是说，在机器人领域，富士康的确已经达到了世界级水平。

2016 年 7 月，戴家鹏也曾表示：“我们自行研发的机器人技术，已经能够执行 20 种一般制造工序，包括油压、抛光、打磨等，初步估计其可完成接近 70%的机械类制程。”不过，虽然富士康的机器人技术已经达到一个很高的水平，但必须承认的是，在短期内，富士康仍然需要依靠人力来保证生产的正常运转。

6.2.3 AI“机器人仓库”：智能拣货，提升运营效率

2017年8月2日，菜鸟网络宣布，由其打造的中国最大的“机器人仓库”已经在广东惠阳正式投入使用。该消息一出，就把AI再一次推到了风口浪尖。菜鸟网络的“机器人仓库”究竟智能到什么程度了呢？

众所周知，普通的“机器人仓库”可能只有几十个搬运机器人，但菜鸟网络的“机器人仓库”有所不同，它拥有的机器人数量已经达到了上百个，而且更重要的是，这些机器人不仅能够独立运行，而且各自之间还能够协同合作。

据菜鸟网络的相关负责人介绍，从目前的情况来看，在菜鸟网络“机器人仓库”中，数百个机器人可以独立执行不同订单的拣货任务，也可以协同合作执行同一订单的拣货任务。不仅如此，这些机器人还可以在保证秩序的前提下相互识别，并根据任务的紧急程度做到相互礼让。

菜鸟网络高级算法专家胡浩源指出：“操纵几十台和上百台机器人的难度是大不一样的。”的确，机器人数量越多，分配任务的难度就越大。在这种情况下，菜鸟网络就必须科学合理地将每个任

务分配给相应的机器人，从而使任务完成效率得以大幅度提升。与此同时，他们还要尽可能防止机器人之间的碰撞、干扰。

“机器人仓库”中的机器人在接到任务后，便会在第一时间移动到与订单商品相对应的货架下，接着再把货架顶起，拉到拣货人员面前。这里的每台机器人都可以顶起 250 千克的重量，同时还可以灵活旋转，将货架的 4 个面都调配到拣货人员的面前。“一个货架的 4 个面都能存储商品，仓库储量被提升了至少 1 倍。”胡浩源说道。

另外，胡浩源还表示，在“机器人仓库”内，无论是货架的位置，还是机器人的调配，都要以订单为基础。这不仅可以保证任务完成效率的最大化，同时还可以在一定程度上避免拥堵现象的发生。

除了“机器人仓库”，菜鸟网络还发布了一项“未来绿色智慧物流汽车计划”，该计划的目标是打造 100 万辆搭载“菜鸟智慧大脑”的新能源物流汽车。这里值得一提的是，因为新能源物流汽车搭载了“菜鸟智慧大脑”，所以系统会在动态订单的基础上，为配送人员提供一条最优线路。与此同时，系统还会根据道路情景对界面进行调整，并与配送人员进行语音交互，从而实现真正意义上的智慧配送。

此外，菜鸟网络还为一家名为快仓的智能仓储设备公司投入了一笔巨额资金。据了解，快仓致力于设计和研发可移动货架、拣货工作站、补货工作站、移动机器人等。相关专家认为，快仓与菜鸟网络达成合作以后，“机器人仓库”将会进入一个新的阶段，中国的物流事业也会有很大的发展。

6.3 面对“AI 盛世”，工人何去何从

前面已经说过，富士康已经开始采用机器人组装 iPhone，而此举也导致富士康工人数量的减少。当然，不只是富士康，还有很多企业也都希望可以用机器人来代替工人。对此，牛津大学曾做过一项调查，结果显示，未来近 50%的技术含量低的工作将会由机器或者机器人来完成。在这种情况下，传统流水线工人无疑受到了很大的威胁。这些工人究竟应该何去何从？又该怎样自保呢？本节就来回答这两个问题。

如图 6-9 所示为全自动化缫丝车间。

图 6-9　全自动化缫丝车间

6.3.1　正确对待 AI：摆脱负面态度，积极应用 AI

之前，谈起技术的进步，我们首先觉得它是一把双刃剑，既有利也有弊。如今，面对有了很大进步的 AI，受到极大威胁的工人不应该这么想。对于这些工人来说，当务之急是让 AI 的进步变成一把单刃剑。

那么，如何才能让 AI 的进步变成单刃剑呢？最关键的就是要用正确的态度对待 AI。正如险胜阿尔法狗一局的李世石所言：“人机大战并没有让我感受到失败的痛苦，反而让我更能理解下棋的快乐。”又如连败阿尔法狗三局的柯洁所言：“阿尔法狗让我深刻理解了围棋的奥妙。”

毋庸置疑，AI 一直都在进步，它也很有可能取代一大批工人。越是这样，工人就越要有积极的态度，不可以一味地屈服于 AI 的强大能力。

从本质上讲，AI 仅仅是人类研发出来的一项技术，它既没有头脑也没有情感，因此工人无须感到担忧和恐慌。我们必须承认，在很多时候，AI 还可以成为一个用起来非常得心应手的工具。

从目前的情况来看，工人应该去了解 AI 的运行规律和优缺点，掌握运用 AI 的方法。一旦做到这些，工人应用 AI 的能力就会有很大程度的提高，这样这些工人就可以更好地控制过分“能干”的机器或机器人，从而最大限度地彰显 AI 的优势，实现真正意义上的“才尽其用”。

6.3.2　加强人机配合：追求人机协同发展

2018 年 1 月，埃森哲发表的一篇文章指出，未来人类与 AI 必须保持友好关系，同时还要有效地展开合作，只有人机之间相互配合才可以让 AI 发挥出最大的作用。

如图 6-10 所示为人机协同工作。

以雷柏为例，机器为雷柏带来了自动化，自动化又为雷柏带来了“福利”，这里所说的“福利”是指单位时间内用更少的工人生产更多的产品。对此，雷柏副总经理邓邱伟说："以前工厂里8个工人一天生产2500根鼠标线，现在4个工人一天能生产3000根。"

图6-10　人机协同工作

劳动关系学院副教授闻效仪指出，随着中国人口红利的逐渐消失，工人短缺和劳动力成本上涨的问题也越来越突出，再加上有的制造企业希望可以尽快提升产品的质量和价值，这些都促使大量劳动密集型的传统制造业走上"智能生产"的道路。

自从引入机器以后，工厂用工紧张的局面就比之前缓解了很多，同时，工厂生产过度依赖工人的状况也有了很大的改善，这两点在长三角、珠三角地区体现得尤为明显。另外，一些专家表示，机器参与生产以后，工人就不需要去做那些重复、危险、简单、烦琐的工作，所以工厂所需工人数量就会大幅度减少，但工厂对工人素质的要求有了很大的提高。

由此可见，虽然机器已经包揽了很多工作，但并不意味着工人就可以被完全取代。事实上，在很多时候，一些工作必须通过人机配合才可以更好地完成。还以之前提到的雷柏为例，他们用机器将产品装配好以后，还需要工人来完成极为重要的检验工作，此外，雷柏还需要为每个生产线配备负责操控和维护机器的组长。

邓邱伟曾说：“‘机器换人’不是简单的谁替代谁的问题，我们追求的是一种人与机器之间的有机互动与平衡。”确实，自从“机器换人”以后，雷柏的工人结构就发生了很大的转变，具体表现为由产业工人占主要比重的金字塔结构转变为技术工人越来越多的倒梯形结构。

在描述 AI 带来的新趋势时，与其使用邓邱伟所说的“机器换人”，还不如使用人机协同或者人机配合，毕竟在短期内，机器还不会完全取代工人。因此，对于工人来说，要想在 AI 洪流中实现自保，就要把握与机器合作的这一绝佳机会。

6.3.3 精细化生产：完成 AI 无法完成的“工艺品”

中国是一个制造业大国，发展到今天，无论是生产流程还是生产模式都已经非常完整、成熟。同时，由于传统思维的禁锢及技术意识的薄弱，一些传统制造企业更愿意采用传统且稳妥的人工生产的模式。

实际上，与机器生产相比，人工生产确实有一定的优势。即使不考虑购买和维护机器的巨额成本，机器的智能化也还是有着非常大的局限性。具体来说，从目前的情况看，机器并不能完成所有的工作，只能完成一些简单的、重体力的、重复的流水线工作，而如果面对高精度的、细致的、复杂的工作，机器就显得无能为力。

现在的机器还只能完成前端的基础性工作，而那些细致的、复杂的、高精度的后端工作则需要工人来完成。例如在上螺丝的时候，机器就无法做到高精准度，因此只能靠人工来完成。这也就表示，在 AI 时代，工人还是有生存机会的。对工人而言最关键就是要专注精细化生产，提高完成后端工作的能力。

无论如何，AI 一定会改变传统制造业的生产流程和生产模式，至于如何改变及用什么样的方式改变，现在还是一个未知数。不过，可以肯定的是，在这个过程中，无论是企业还是工人都需要面临各种各样的困难，我们必须做好充分的准备。

第七章

AI 重新定义金融人员：提高效率，服务至上

AI 之于金融领域的入侵，早已经不是危言耸听，而是变成了成熟在即的必然，作为金融领域的主体，金融人员将亲自见证这历史性的一刻。另外，可以预见的是，未来几年，AI 将会帮助金融人员完成很多工作。于是，在 AI 越来越成熟的时候，金融人员也必须不断地对自己进行审查和评估，只有这样才可以不被 AI 和时代残忍抛弃。

7.1 AI 赋能金融

跨界融合是创新的源泉，而 AI 与金融的融合则成就了一次新的创新。到了现在，AI 已经不再是科技企业创新的专属武器，而是以雷霆万钧之势潜入了各个传统领域，成为其变革求新、提高效益的关键因素，当然，金融领域肯定也包括在里面。至于 AI 在金融领域造成了什么效果，则要从本节的内容中寻找答案。如图 7-1 所示为 AI 为企业提供战略性商业建议。

图 7-1　AI 为企业提供战略性商业建议

7.1.1　智能信贷决策

之前，所有的信贷决策都是由信贷人员做出的，仔细想来，这种方式其实存在很多弊端，例如，主观色彩过于强烈、所需时间过长、耗费精力过多等。为了解决这些弊端，一套完整的智能信贷解决方案——“读秒”便横空出世。

在最开始的时候，“读秒”其实只是一个决策引擎产品，经过这几年的发展，现在已经成为一套完整的智能信贷解决方案，而以周静为代表的“读秒”团队也成功加入PINTEC（品钛）旗下。

仲惟晓是“读秒”的技术负责人，他曾介绍，到目前为止，接入“读秒”的数据源已经超过40个，而且通过API，这些数据源可以被实时调取。另外，接入数据源以后，“读秒”还可以通过多个自建模型（例如，预估负债比、欺诈、预估收入等）对数据清洗和挖掘，并在此基础上，综合平衡卡和决策引擎的相关建议来做出最终的信贷决策。而且，还有更重要的是，所有的信贷决策都是平行进行的。

据了解，只需要10秒左右的时间，“读秒”就可以做出信贷决策。在这背后，不仅有前期日积月累的数据收集和分析，还有绝对不可以忽视的模型计算。

在普通人看来，大数据、机器学习等前沿技术就好像一个大黑箱，但其实是可以找到一些规律的。对此，仲惟晓表示，“读秒”的合作伙伴经常会提供大量数据，但真正有价值也有用途的数据维度基本上都是需要挖掘的。“并不是说把数据拿来，然后放在一个很神奇的机器学习模型里就能把结果预测出来。”

举一个非常简单的例子，客户在申请信贷的时候，会产生各种各样的数据，例如，交易数据、信用数据、行为数据等，这些数据可以帮助决策机构更加深入地了解客户。然而，这些数据是需要挖掘的，只不过挖掘的过程与信贷的过程并不是相融合的。

此外，仲惟晓还说：“有海量的数据之后，我们需要利用距离、分组等决策算法，从这些数据中筛选出业务适用的模型，规避风险。”接着，他又用一个例子来进一步解释背后的道理，具体如下：

“一个很简单的例子，比如客户在多平台借款的情况——以前我们觉得，一个客户借款 5 次、8 次或者 10 次，第三方数据源可能会提供。但是现在，我们更加会看，比如多平台的借款频率，在过去的 90 天，或者 270 天、360 天中是怎么变化的，此外还有借款的次数和借款平台数之间的关系。在这些裸体数据上面所建的就是所谓‘维度’。”

实际上，虽然看起来不同客户在不同平台留存的数据并没有太大关联，但这些数据之间也会形成网络交织。而且，随着客户数量的不断增加，留存的数据也会越来越多。这样的话，“读秒”的自创模型就可以得到进一步优化，从而适用于更多场景。

由此来看，“读秒”的大数据并不是面向一个客户，而是面向一群客户，也正是因为这样，再加上前期累积的功力，才造就了“读秒”的 10 秒决策速度。

“读秒”科学决策总监任然明确指出：“其实建模型这个东西，大部分时间都花在挖掘数据上。把几千个、几百个数据跑出想要的维度，最后一气呵成建成模型，这个很快。只是之前这个东西是需要大量时间的积累，而且很多时候是需要试错的。就比如现在如果有一千个维度在跑的话，毫不夸张地说，我们就会建大约十万个或二十万个维度，去试哪些维度有用，哪些维度没用，因为需要去理解数据。”

以“读秒”为代表的智能信贷解决方案，不仅让信贷决策变得更加科学、合理、准确，而且让被借贷方和决策机构免遭风险。可以预见的是，未来信贷决策的智能化程度会越来越高，金融领域的稳定性也会越来越强。

7.1.2 智能金融咨询

除了智能信贷决策，智能金融咨询也是 AI 赋能金融的一个重要体现。目前，随着资产管理需求的不断增长，AI 可以成为金融咨询工作中的一个好帮手。例如，在银行中放置一些机器人，让这些机器人去回应客户的咨询。这样，客户便会在咨询过程中获得更加完美的体验，具体可以从图 7-2 所示的几个方面进行说明。

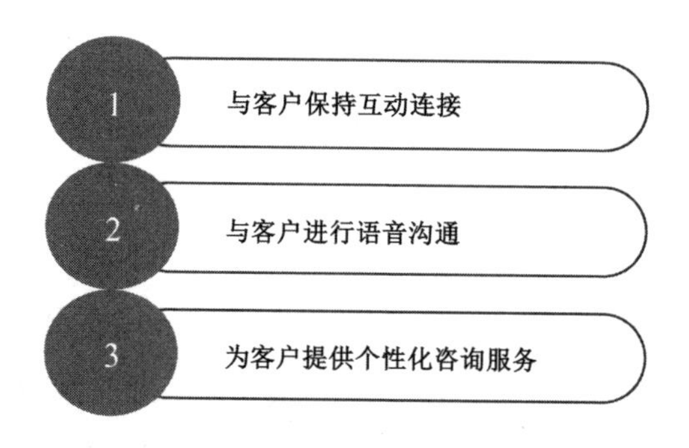

图 7-2　机器人在金融咨询当中的作用

1. 与客户保持互动连接

在数据评估这一方面，机器人的优势比人类更加明显。除了可以为每位客户详细介绍金融服务的最佳可行方案，还可以为那些资产净值较高的客户提供科学合理的资金管理策略。与此同时，机器人也可以与客户保持长时间的互动连接，并为其提供更加便利和快捷的咨询服务。

2. 与客户进行语音沟通

前面已经说过，机器人可以为客户提供个性化咨询服务，不仅如此，机器人还可以为企业提供资金管理咨询服务。另外，由于绝大多数机器人都安装了智能语音系统，因此可以与客户进行语音沟通，从而进一步提升服务质量和服务效率。

具体来说，通过语音输入，客户可以浏览最新的金融产品并从中挑选出自己感兴趣的那一个。这时，客户只要用语音的方式将结果传达给机器人，机器人同样也会用语言的方式回复客户，或者是用文字的方式把金融产品数据发送到客户的手机上。

3. 为客户提供个性化咨询服务

通常来讲，机器人不仅可以了解和掌握客户的资产管理需求，还可以对风险控制进行综合分析，从而进一步提升金融咨询服务的个性化和多元化。更重要的是，在此基础上，机器人可以为客户挑选更加合适的股票或金融产品。另外，机器人可以用较短的时间对大数据进行处理，然后根据每位客户的实际情况，将检索到的有用数据发送到客户的手机上。

由此可见，机器人已经开始承担一部分金融咨询工作，这不仅降低了金融机构的人力成本，还提高了金融咨询工作的效率和质量。更重要的是，金融领域的智能化水平也因此有了很大的提高，而这也将为中国的金融事业带来更多新机遇。

7.1.3 智能金融安全

2015 年，互联网金融第一次被写入《中共中央关于制定国民经济和社会发展第十三个五年规划的建议》，在金融领域不断进步的过程中，这一举措无疑是浓墨重彩的一笔。从目前的情况来看，随着互联网的逐渐普及，互联网金融似乎依然在蓬勃发展，但不同的是，由于监管机制的渐趋完善，互联网金融正在朝着有序化、规范化的方向转变。

2016 年 10 月，国务院办公厅正式发布了《互联网金融风险专项整治工作实施方案的通知》。不过，即使这样，作为金融的一个重要分支，互联网金融安全的重要性也不可以被忽视。毕竟互联网是一个公共空间，其中难免会掺杂着各种各样的风险。

另外，零壹财经创始人柏亮曾表示，如果要把国民经济转变为消费主导型，那就必须大力发展以下 3 种类型的机构——理财机构、投资服务机构及技术服务机构。同时他还特别指出，技术服务机构将会成为“构成未来互联网金融主要的发展群体”。而 Linkface 恰巧是一家新型的技术服务机构。如图 7-3 所示为智能金融安全。

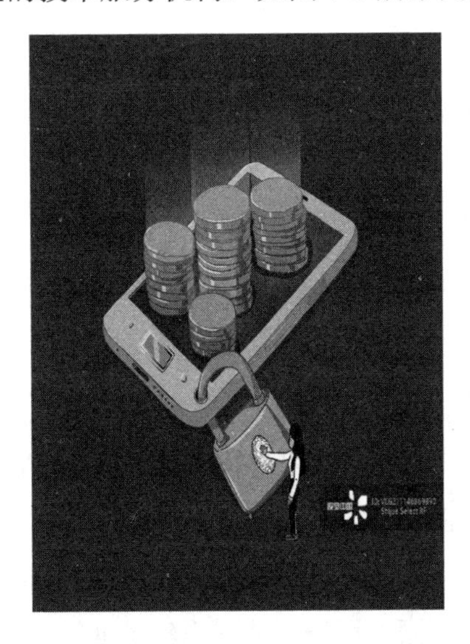

图 7-3 智能金融安全

2014 年 11 月，Linkface 在清华科技园创业大厦的一处办公场所悄然诞生。诞生之初，就获得了不少世界级奖项。接下来，随着 AI 在金融领域的逐渐火爆，Linkface 又开始钻研实现金融安全智能化的方法。

正是凭借这种非常珍贵的钻研精神，Linkface 很快获得了投资者的关注和认可，并相继与 50 多家知名企业达成了深度合作，其中占比最大的就是互联网金融企业和传统商业银行。在这之后，Linkface 非常清楚地意识到，对于准入门槛非常高的金融领域而言，如何提高交易场景下的“安全”指数是一个十分关键的问题。

因此，Linkface 的最大愿景就是为金融企业和金融机构提供星级安全服务，尽快打造出一套完整且完美的智能金融安全解决方案。依托以深度学习为驱动的相关技术（例如，活体检测、文字识别、人脸识别等），Linkface 构建了一个身份核验机制。该机制适用于那些需要身份认证的应用场景，例如，远程开户、柜台开户、ATM 交易、线上实名认证等。这样的话，“我是我”的认证过就可以变得更加高效，也更加安全。

据了解，Linkface 的人脸识别技术具有相当高的安全系数，甚至可以与 7 位数字密码相媲美。不过，即使如此，也还是会有黑客用各种各样的不法手段对系统进行攻击，在这种情况下，Linkface 活体检测技术就可以派上用场，对不法攻击进行识别，从而最大限度地保证金融环境的安全。

未来，AI 在金融安全方面的可能性还会越来越多，这不仅可以帮助金融企业和金融机构打造最高安全标准，还可以让金融工作变得更加高效、轻松。更重要的是，可以为金融领域创造更大的价值。

7.1.4 智能保险理赔

通常来讲，保险理赔的步骤是非常烦琐的，而在所有的步骤当中，耗费时间最长的应该是审核。之所以会这样，主要就是因为需要审核的内容确实非常多，主要包括被保人的身份、诊疗信息、保险事故信息等。

当然，除了审核，还有一些别的步骤，这也在一定程度上造成了传统理赔的一些弊端，例如，速度慢、手续多等。但必须承认的是，即使存在这些弊端，从出险到理赔的每一个步骤也都不可以省略。

不过，自从 AI 出现以后，保险理赔似乎就变得和以前不一样，其中最明显的就是智能化程度越来越高，从而导致速度加快了很多。而支撑这一结果的则是那些前沿技术，具体如图 7-4 所示。

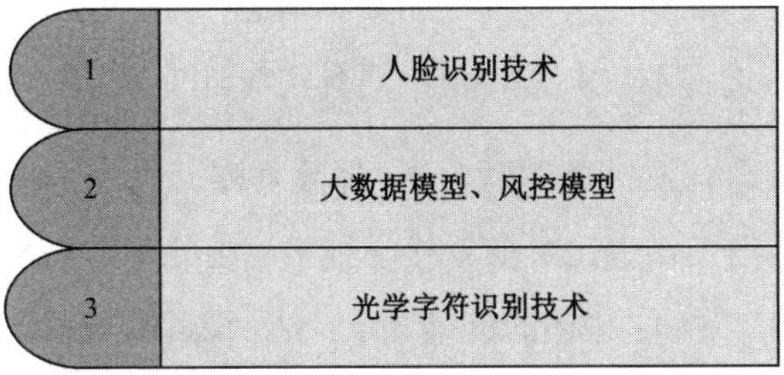

1 人脸识别技术
2 大数据模型、风控模型
3 光学字符识别技术

图 7-4　支撑智能保险理赔的几个前沿技术

1. 人脸识别技术

在理赔的时候，最重要的就是确认被保人的身份，这一点是毋庸置疑的。通过人脸识别技术，保险公司可以既准确又迅速地识别出被保人的面部特征，从而进一步确认究竟是不是被保人。

2. 大数据模型、风控模型

运用大数据模型和风控模型，可以生成风控规则，同时还可以对被保人之前的出险数据和征信数据进行进一步筛选和排查。如果模型发现哪一个保险案子存在问题，那么这个案子就会由理赔人员亲自审核，这不仅可以提高保险公司的风控水平，而且可以提高理赔人员的危机意识。

3. 光学字符识别技术

这项技术可能还不太普及，但保险巨头平安已经将其成功地运用到理赔当中。通常理赔人员在进行理赔工作时，需要一步步确认审核，因此，浪费了大量的时间和精力。而光学字符识别技术可以迅速且精准地抓取到相关证件上的数据信息，从而对被保人信息进行识别，这一过程不仅非常轻松，而且用时还非常短。

在上述几个前沿技术的助力下，保险理赔已经变得越来越智能化，保险人员的工作也比之前轻松了很多。由此来看，各大保险公司还是应该牢牢抓住这样的绝佳机会，从而保证自己不落后于新时代。

7.1.5 智能客户服务

通常来讲，在金融领域，AI 的应用应该分为 3 个阶段——机器学习阶段、自然语言处理阶段、知识图谱阶段。其中，机器学习阶段的主要体现是，金融机构全面渗透到所有模型建设当中；自然语言处理阶段的主要体现是，绝大多数金融机构都已经引入自然语言处理技术；而知识图谱阶段的主要体现则是，将知识图谱应用到反欺诈分析当中。

如今，AI 正在逐渐成为一项普惠科技。在这种情况下，越来越多的机构开始高举 AI 大旗，而上面提到的 AI 在金融领域的 3 个阶段也有不同程度的落地，但怎样才可以让 AI 与金融工作中最重要的客户服务相融合呢？如图 7-5 所示的两个因素是不可或缺的。

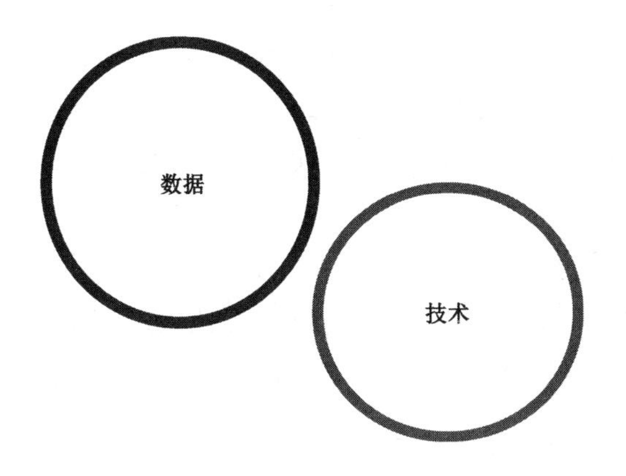

图 7-5　AI 与客户服务相融合的不可或缺因素

1. 数据

对于客户服务来说，数据是非常重要的。例如，有了数据以后，金融机构就可以为客户制作出精准的画像，并在此基础上提供更加符合客户需求的服务。在这一方面，中国移动互联网金融综合服务平台——玖富就做得非常不错。

从 2006 年成立一直到现在，玖富已经历经了十多年的发展，在这期间也积累了各种各样的数据。有了这些数据以后，玖富就将其用到了客户服务当中。具体来说，当客户需要服务的时候，玖富就会根据客户留存下来的数据提前制订一份服务方案，从而极大地提高服务效率和服务质量。

与此同时，随着 AI 的不断发展，机器已经可以在某种程度上替代真正的客服人员，通过模仿人类对话的形式与客户进行深度互动。玖富凭借自己的数据优势，对客户进行分类处理，并根据后台任务列表，通过一些比较流行的方式（例如，私信、评论、点赞等）实现与客户的互动，从而提升客户服务的精准性和有效性。

2. 技术

这里所说的技术就是 AI。无论是数据挖掘，还是技术研发，或是应用落地，技术团队都扮演着非常重要的角色。拿前面提到的玖富来说，虽然是一个业务型的金融平台，但风控人员和技术人员的数量都是比较多的，占比甚至已经超过 60%。

一旦拥有了强大的技术实力，应用落地就只是一个时间问题。例如，玖富就将知识图谱、拟人操作、自然语义等前沿技术以机器人的形式展示了出来，并让这些机器人去完成一些客户服务工作。

不难看出，“AI+客户服务”已经在很多方面（例如，快速高效、实时精准、稳定细致等）表现出了非常明显的优势。此外，在智能化方面，玖富也已经形成了一套比较完整的逻辑。

具体来说，通过机器人客服提升客户转化、通过智能化营销吸引更多的新客户和潜在客户、通过多元化和个性化的服务增强客户黏性，从而打造出一个全智能服务闭环。与此同时，玖富的举措也深刻诠释了客户服务的 4 个趋势，即数据化、智能化、营销化和个性化。

总而言之，现在已经来到了一个 AI 无处不在的时代，无论是传统金融，还是互联网金融，都应该积极拥抱 AI。然而，在 AI 的助力下，让客户服务走在业务的前面，尽力为客户创造更加完美的服务体验，也许才是客户管理的最高级手段。

7.2 AI 金融典型案例

从目前的情况来看，国内外 AI 在金融领域的应用已经有了很多成功案例，其中比较具有代表性的是美国的 Wealthfront、英国的 Nutmeg、中国的蚂蚁金服等。在这些成功案例的助力下，金融领域的智能化程度正在变得越来越高。一方面，这极大地提升了金融工作的质量和效率；另一方面，这也最大限度地保证了金融事业的平稳发展。

7.2.1 美国 Wealthfront：智能投顾平台

近些年来，在以美国为代表的海外市场，智能投顾已经获得了非常良好的发展，规模也正在逐渐变大。相关数据显示，截至 2015 年 6 月，智能投顾平台将管理 210 亿美元以上的资产。与此同时，A.T. Kearney 也曾预测，在 2016—2020 年，美国智能投顾行业的资产管理规模将有大幅度增长，具体为从 3000 亿美元增长到 2.2 万亿美元，年均复合增长率将高达 68%。

另外，世界上有很多比较著名的智能投顾平台，如 Wealthfront、Betterment、Personal Capital、Schwab、Intelligent Portfolio 等，其中绝大部分都是属于美国的。本节就介绍美国的 Wealthfront。

在美国，Wealthfront 是一家非常具有代表性，也深受客户喜爱的智能投顾平台。通过计算机模型和一些前沿技术，该平台可以为接受过调查问卷评估的客户提供个性化的资产投资组合建议，例如，房地产资产配置、债权配置、股票配置、股票期权操作等。

据悉，Wealthfront 的主要客户是在硅谷工作的科技人员，其中比较典型的是 Twitter、Facebook 等知名企业的科技人员。除此以外，Wealthfront 也拥有一套既完整又系统的盈利模式，如表 7-1 所示。

表 7-1 Wealthfront 的盈利模式

费用项目	比例	备注
咨询费用	低于 10000 美元：不收取咨询费用 高于 10000 美元：每年收取 0.25%的咨询费用	计算公式：（账户资产净值-10000）×0.25%×投资持有天数÷365（或者 366）
咨询费用减免	每邀请一位新客户，邀请人将获得 5000 美元投资金额的咨询费用减免	
转账费用补偿	平台对于客户原有的经纪公司向客户收取的转账费用予以补偿	客户需要联系平台
其他费用	ETF 持有费用，平均约为 0.12%	适用于持有 ETF 期间，归属于 ETF 所属基金公司

无论是与传统金融机构相比，还是与别的智能投顾平台相比，Wealthfront 向客户收取的费用都是更低的。一般来讲，美国的传统金融机构要向客户收取多个项目的费用（例如，充值提现费用、交易费用、投资组合调整费用、咨询费用、零散费用、隐藏费用等），整体费用率已经达到了 1%，有时甚至还会达到或超过 3%。

其实仔细想来，这也是情有可原的，毕竟美国的人力成本、房屋租金都非常高，传统机构要想收回成本或者盈利的话，必须向客户收取比较高的费用率。然而，在相关前沿技术的助力下，智能投顾平台不再需要很多工作人员，也不再需要很大型的办公场所，因此，可以节省一大笔人力、房屋租金方面的成本。

在这种情况下，即使采取低费率的策略吸引客户，只要成交规模够大，智能投顾平台依然可以获得较为丰厚的利润，本节所讲的 Wealthfront 就拥有这样的优势。对此，可能有人就会不解，难道 Wealthfront 就是因为拥有这样的优势才可以获得快速发展吗？当然不是，除此以外，如图 7-6 所示的 3 个方面的原因也是不可以被忽视的。

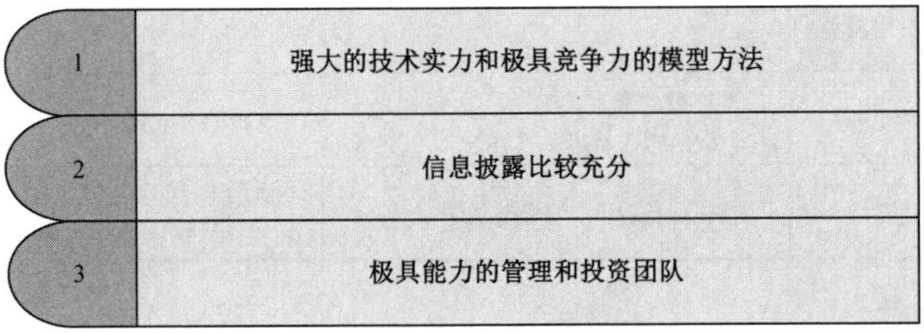

1	强大的技术实力和极具竞争力的模型方法
2	信息披露比较充分
3	极具能力的管理和投资团队

图 7-6　Wealthfront 可以获得快速发展的 3 个原因

1. 强大的技术实力和极具竞争力的模型方法

Wealthfront 不仅可以为客户提供个性化的投资理财服务，还可以为客户制订各种各样的资产配置方案，而且费用非常低，其背后的核心则是强大的技术实力和极具竞争力的模型方法。在金融市场理论、前沿技术等方面，美国无疑是一个非常典型的引领者，Wealthfront 便充分结合了这种优势，因此，可以获得快速发展。

2. 信息披露比较充分

Wealthfront 官网上展示了很多与 Wealthfront 有关的重要信息，例如，平台基本情况、业务范围、法律文件等。通常情况下，客户掌握越多的平台信息，对平台就会越信任。另外值得一提的是，在展示信息的时候，Wealthfront 也是力求形式的多样化，例如文字、图表、PPT、白皮书等。不仅如此，为了给客户提供更加直观的解释，Wealthfront 还在很多地方使用了数据。

3. 极具能力的管理和投资团队

从目前的情况来看，Wealthfront 管理团队中的成员基本上都来自顶级的互联网企业或者金融机构，例如 Livevol Securities、LinkedIn、Benchmark Capital、Twitter、Apple、Microsoft 等。此外，投资团队中的量化研究人员和投资顾问，基本上都拥有比较高的学历，以及非常丰富的实践经验，更重要的是，还拥有非常珍贵的客户资源。

随着 AI 的不断进步和完善，智能投顾已经获得了越来越广泛的关注，很多著名银行（例如，苏格兰皇家银行、劳埃德银行、巴克莱银行、桑坦德银行、蒙特利尔银行等）都宣布要尽快引入智能投顾服务，这也会为金融领域的创新带来深刻影响。

7.2.2 英国 Nutmeg：透明的智能投顾平台

与上一节所讲的 Wealthfront 相同，Nutmeg 也是一个智能投顾平台，但不同的是，前者属于美国，后者则属于英国。据了解，英国的 Nutmeg 一直致力于改善金融投资的现状，同时也希望把金融投资的门槛降低到普通民众都可以参与的程度。

Nutmeg 的创始人是尼克・汉格福特，他曾经在巴克莱银行工作过很长时间，因此具有非常丰富的实践经验和客户资源。2015年，Nutmeg 还入选了毕马威（KPMG）和 H2Ventures 联合评选的“100 家创新金融科技公司”。

Nutmeg 的业务模式是为客户提供资产管理服务，具体来说就是，根据客户的投资倾向（主要包括投资金额、风险偏好、投资期限等），将其资产分散到各个投资领域，例如股票、政府债券、公司债券等。这里必须知道的是，通过算法，Nutmeg 不仅实现了智能投顾的人性化，还实现了智能投顾的透明化。

在资本市场上，因为 Nutmeg 的商业模式非常具有创新性，所以，获得了一大批投资者和投资机构的关注。据相关人士透露，2012年 6 月，Nutmeg 获得了 A 轮融资，融资金额为 340 万英镑。两年之后，也就是 2014 年 6 月，Nutmeg 又获得了 B 轮融资，融资金额约 2467 万英镑。

当然，Nutmeg 之所以会获得如此巨额的融资，除了其商业模式非常具有创新性，还有一些别的原因，如图 7-7 所示。

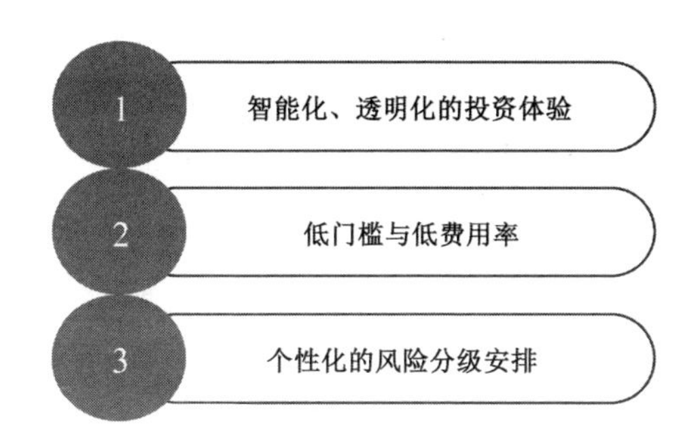

图 7-7 Nutmeg 可以获得巨额融资的 3 个原因

1. 智能化、透明化的投资体验

据了解，只需要不到 10 分钟的时间，Nutmeg 就可以完成对客户的资产组合配置，具体可以参照图 7-8 所示。

通过图 7-8 可以知道，如果在 Nutmeg 上投资，客户只要设置投资期限、初始投资和每月投资额、风险水平，就可以收到来自 Nutmeg 的一些信息，例如收益率预测、投资组合构成、类似投资组合的历史表现、具体投向等。

在投资组合方面，为了满足客户愿意承担部分风险以获得较高收益的需求，Nutmeg 会将 39%的资金投向发达国家的股权。与此同时，为了配平风险，Nutmeg 还会把 43%的资金投向政府债券和发达国家市场，而其余 18%的资金则会投向别的渠道。

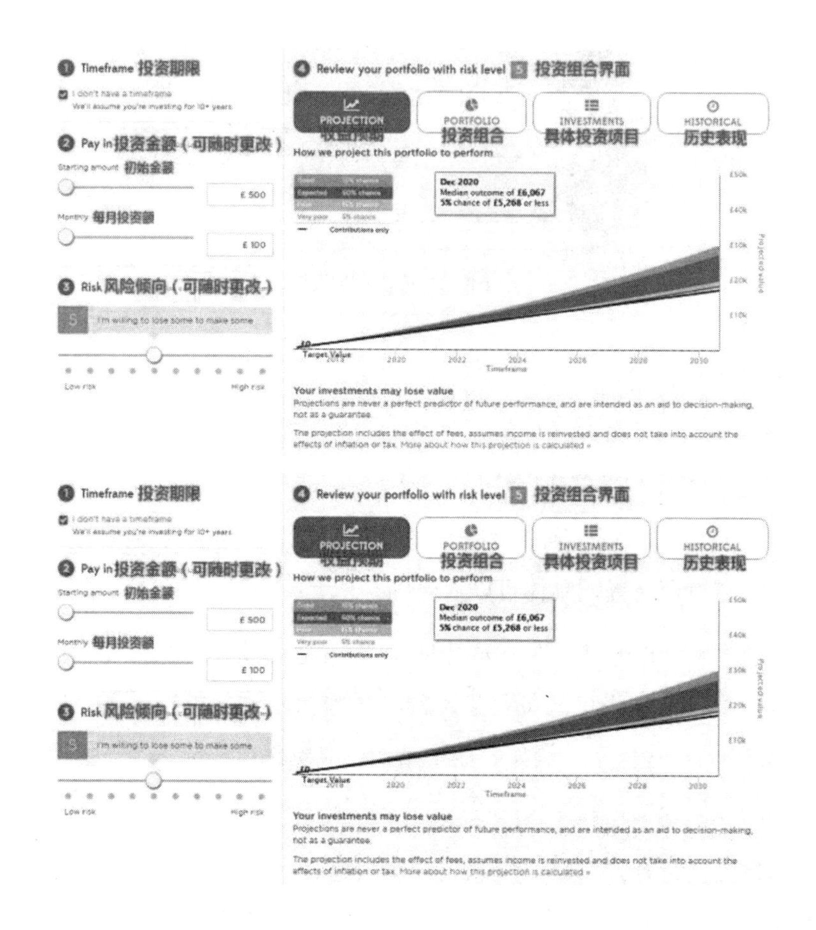

图 7-8　Nutmeg 完成对客户的资产组合配置

2. 低门槛与低费用率

对于客户而言，只需 500 英镑就可以加入 Nutmeg，门槛非常低。除此以外，Nutmeg 的费用率也非常低。具体来讲，根据投资金额的不同，Nutmeg仅向客户收取不到1%（在0.3%～0.95%浮动）的管理费用，以及0.19%的基础费用。

3. 个性化的风险分级安排

通常来讲，不同客户的风险承受能力都是不同的，因此，Nutmeg为客户准备了5档共10种投资组合，这些投资组合的风险从1级到10级不等。据悉，在最低风险等级的投资组合当中，现金与货币市场基金的占比为40%，而企业与政府债券则占到了剩下的60%。此外，在高风险等级的投资组合当中，基本上所有的资金都投向了发达国家和新兴市场的股权。

在英国，Nutmeg无疑是智能投顾领域的一个标杆，其所具备的明显优势非常值得研究和分析，其独创的创新型模式也非常值得学习和借鉴。可以预见，Nutmeg将会获得越来越多客户的认可和喜爱，从而推动自身的不断进步发展。

7.2.3 蚂蚁金服：借AI风控系统提高放款效率

众所周知，在安全风控当中，除了有客户，还有机构、设备、商家等，多方之间通过资金流动形成互联。过去这些年，蚂蚁金服通过使用大量机器学习，建立起了非常强大的风控系统。但随着时代的不断发展，这一风控系统也应该进一步升级。

一直以来，蚂蚁金服都希望能对一笔交易是否存在账号被盗风险进行精确判断，而自从风控系统升级以后，这一希望似乎就可以变成现实。在该过程中，蚂蚁金服使用了一个跨领域的技术——广告点击率预估技术。

具体来说，2014 年，Facebook 发布了一篇专门讲述“梯度提升决策树+逻辑回归”的文章，而蚂蚁金服则把其中的“逻辑回归”替换成了大规模深度学习，并使用到风控当中——通过梯度提升决策树产生特征，然后由深度神经网算法继续学习。

通常情况下，蚂蚁金服也无法判断风控里面的特征究竟有没有用途，或者是哪些有用途，哪些没有用途。于是蚂蚁金服就利用梯度提升决策树产生海量特征，然后把这些特征提供给深度学习模型。

实际上，除了把梯度提升决策树和深度神经网算法结合起来考虑风控，蚂蚁金服也对客户、机构、商家等的关系进行了考虑。举一个比较简单的例子，通过 Embedding 技术，蚂蚁金服将各方之间的关系整合起来，并形成了一个图形网络，然后对这个图形网络进行监督学习、加强学习。

除此以外，在 2017 年中国人工智能大会上，蚂蚁金服副总裁兼首席数据科学家漆远还举了一个支付宝的例子，具体如下：

“通过支付宝账号的账户（行为）可以判断一个人是否注册了垃圾账号。可以把整个的图关系通过一个 Embedding 的技术产生深度学习的网络，通过机器学习产生一个隐性表达，这个表达不光涵盖了每个节点自身复杂的特征，同时还对网络结构做了一个 Encoding。

在垃圾账号识别上，经典的 Recall-Precision 曲线中，Precision 越高越好，接近 1 就是完美。我们对图使用 Embedding 技术后有了质的飞跃，Recall 在 70%、80%的时候，Precision 达到 90%，而原来的算法 Precision 在 40%多，这基本相当于瞎猜。与以前的系统相比，Node2Vec 也非常先进，我们在此基础上又做出了明显的提升。”

总而言之，将图的关系与特征结合起来，可以产生特别有力量的模型，而蚂蚁金服就使用了这样的模型。另外，通过算法，蚂蚁金服的风控系统也实现了进一步升级，从而在很大程度上保证了交易的安全性。

无论是上两个小节提到的美国的 Wealthfront、英国的 Nutmeg，还是本小节讲述的蚂蚁金服，都是 AI 金融的典型案例。未来这样的案例还会越来越多，与此同时，金融领域的智能化程度也会越来越高。

7.3 金融人员面对 AI 的新出路

2017 年 8 月，著名咨询公司 Opimas 发布报告称，未来金融类专业的学生将会变得越来越少。其研究还表明，到 2025 年，金融领域将失去近25万个工作岗位，而这些工作岗位将由AI代替。该消息一出，就引起了非常广泛的关注，金融人员更是为此感到担忧和恐慌，毕竟这关乎着他们的未来生计。那么，AI是否真的会取代金融人员？如果是真的，那么金融人又应该何去何从？

7.3.1 态度：AI只是消灭部分岗位，还有大量机会

毋庸置疑，AI会代替很多原本属于人类的工作岗位，而且从目前的情况来看，这件事情正在发生着，例如，AI代替了物流、金融、服务等多个领域的工作岗位。但是，这也并不意味着人类所有的工作岗位都会被AI代替。正如IBM首席执行官弗吉尼亚•罗曼提在一场公开讨论会上所说："短期内，所有企业都必须依靠AI，才可以取得真正的成功，但是软件和机器只会消灭很少一部分的工作岗位。"

对此，可能有些人不解，连金融人员的工作都已经快要保不住了，为什么IBM的首席执行官还这么乐观呢？实际上，不妨仔细思考一下，自从AI出现的那一天起，AI威胁论就没有停止过，或者可以这样说，自古以来，"技术威胁论"就没有停止过。但必须承认的是，无论是AI还是别的技术，都并没能真正代替人类。

举一个非常简单的例子，17世纪末，美国的纺织领域开始大规模使用轧棉机，很多人尤其是纺织工人都认为轧棉机肯定会造成巨大的失业和贫困问题，因此都非常排斥，也非常反感这个新事物。

但结果是，失业和贫困问题并没有出现，反而带来了很多新的就业机会。

再举一个自动取款机的例子。当初，自动取款机刚刚出现的时候，银行的工作人员都觉得自己马上就要失去工作。但是，自动取款机不仅没让银行的工作人员失去工作，还增加了银行的工作效率和岗位。

之所以会出现这种情况，主要就是因为，虽然自动取款机使银行的工作人员大幅度减少，但与此同时，银行的运营成本比之前变得更低，从而提升了银行的盈利，并增加了支行的数量。这不仅有效弥补了自动取款机造成的工作人员减少，还创造了一些新的工作机会，比如自动取款机的维护和修理。

由此来看，面对 AI 的迅猛发展，金融人员并不需要过度担忧和恐慌，而是应该尽快调整好自己的心态。必须知道，AI 只是消灭部分岗位，未来还有很多新的机会。

7.3.2 目标：提升 AI 利用能力

如今，金融领域的智能化似乎已经成了一个不可逆转的趋势，与人类相比，AI 至少具备以下几个方面的优势：

（1）AI 不仅没有情感，也没有思维定式，因此，可以在很大程度上克服人类的弱点和盲点。

（2）AI 拥有迅速采集和分析数据的能力，在该能力的支撑下，AI 可以用最快的速度采集和分析全世界范围内的所有公开数据，并在此基础上做出科学合理的投资、借贷、风险管理决定。在这一方面，人类的确比不上 AI，甚至与 AI 还有很大的差距。

（3）凭借着高速运算和海量数据，AI 可以为不同客户提供不同的解决方案，在投资顾问、组合配置等方面，AI 实现了由模块式服务向个性化服务的转变。

（4）对于智能化金融来说，深度学习已经成为一个非常重要的“武器”，因为通过深度学习，机器可以迅速学习与金融有关的所有知识，从而使自身的决策水平得以大幅度提高，这是人类很难做到的。

事实证明，AI 的确是一个博弈高手，可以在不掺杂任何感情的情况下无拘无束地进行博弈。因此，作为博弈最多的领域之一，金融便成了 AI 的一个最佳博弈场地。在这种情况下，要想成功保住自己的饭碗，金融人员就要不断提升自己的能力，尤其是利用 AI 的能力。

记得《与机器竞赛》一书中明确指出，在与机器进行的这场比赛中，一共有 3 类赢家，其中一类就是高技术人员。因此，对于金融人员来说，当务之急应该是让自己变成一个高技术人员，去完成一些 AI 无法完成的工作。

另外，金融人员还应该掌握一些非公开数据。因为前面已经说过，AI 可以用最快的速度采集和分析所有的公开数据，但如果数据来自尚未公开的渠道，那么 AI 就会变得无能为力。所以，当金融人员掌握了大量的非公开数据以后，就很有可能会击败 AI。

对于金融人员而言，来势汹汹的 AI 无疑是一个巨大挑战，为了应对该挑战，金融人员必须找准自己的目标，不断提升 AI 利用能力，而这也是 AI 时代的一个新出路。

7.3.3 重心：将工作转移到客户情感维护

所谓 AI，其实指的就是在一个领域内获得大量数据，并利用这些数据，在特定条件下做出正确决策，以便更好地服务于特定目标。但不得不承认的是，并不是所有的工作都需要理性推算，像设计、绘画等极具创造力的工作就不需要理性推算。当然，也不是所有的数据都可以由 AI 采集和分析，像充满爱意的眼神、恰到好处的支持、一个温暖的拥抱、一次感人至深的劝解等就不是 AI 可以采集和分析的。

上一小节已经说过，没有情感是 AI 的一个优势，但从另一个方面来看，这也是 AI 的一个劣势。之所以会这样说，主要就是因为还有一大部分工作需要依赖情感才可以完成，例如心理咨询、心理辅导等。

未来，当人类从重复、机械、冰冷理性的工作中解脱出来以后，会更加重视情感层面的交流，而这恰恰是 AI 没有办法企及的。

从金融人员的角度来说，也就是其所独具的情感特质是AI取代不了的。

在这种情况下，身处AI时代的金融人员，必须有非常强烈的情感意识，争取将自己的工作重心转移到客户情感维护上。然而，情感意识又衍生出了市场的影响力及资源的整合力。

因此，金融人员还要尽力扩大自己在市场上的影响力。当然，这里所说的影响力应该建立在业务硬实力的基础上，例如，为某企业赚取了巨额的投资红利。另外，金融人员还应该具备强大的资源整合能力，例如，商行的负债端可不可以拉来存款、投行里能不能带来交易等。

无论是金融领域的哪一个分支，例如银行、基金、证券等，都需要从业人员具备扎实的专业知识和丰富的实践经验，与此同时，抗压能力也应该非常强。可见，AI时代对金融人员提出了更高的要求，想立于不败之地，唯有巩固自身。

第八章

AI 重新定义教师：因材施教，教育未来

继会计、服务员、保姆等职业以后，教师显然已经成了 AI 的新目标。数百年来，教师一直是教育的中心。在相继改变了多个行业之后，AI 究竟能不能让这一传统行业发生改变，是一个早已受到广泛关注的问题。

福布斯与多家机构联合提供的调查结果显示，教师被 AI 取代的可能性最低。“但这并不代表 AI 失去了在教育行业的工作机会。”北京邮电大学计算机科学与技术学院博士张健说道。在这种情况下，AI 对教师的重新定义便应该受到足够重视。

8.1 AI 助力教师教学

2017 年 7 月，国务院印发《新一代人工智能发展规划》，明确提出“要在中小学阶段设置人工智能相关课程，逐步推广编程教育；利用智能技术加快推动人才培养模式、教学方法改革，构建包含智能学习、交互式学习的新型教育体系；开展智能校园建设……”可以说，“AI+教师”不只存在于想象当中，已经成了正在到来的现实。如图 8-1 所示为机器人一对一教学。

图 8-1　机器人一对一教学

8.1.1　巧用大数据，展开个性化教育

在教育过程中，形成教与学之间的反馈闭环是一个非常关键的环节，从知识的讲授，到获得学生的反馈，再到个性化地布置作业，都在这个反馈闭环中得以实现。如果师生比过于不协调，这个反馈闭环就很难实现。

当然，学生会经常有这样的抱怨：这个知识点我已经完全理解了，可老师还一直在重复地讲，简直就是在浪费时间；这个知识点我根本没有理解，老师就已经开始讲授下一个知识点了……而每当此时，个性化教育便成了教育过程中的一大“遗憾”。

那么，怎样才可以让个性化教育成为可能呢？随着科学技术的不断进步，大数据似乎能发挥非常重要的作用。正如中国教育学会中小学教育质量综合评价改革试验区办公室执行主任张勇所言：“现在应用大数据技术，我们可以对学生进行 ACTS 学业评价（ACTS 学业评价技术是集检测、评价、诊断、甄别、选拔、鉴定六大功能于一体的科学评价技术），可以分析每一个学生的知识应用、技能应用和能力倾向，这样就可以及时调整教育行为，真正实现个性化教育。”如图 8-2 所示为个性化教学——让孩子在玩中学。

图 8-2　个性化教学——让孩子在玩中学

从目前的情况来看，为了进一步促进大数据与个性化教育的融合，很多大数据精准教学服务平台应运而生，极课大数据就是其中的一个经典案例。

2017 年，极课大数据品牌发布会在北京正式召开。发布会中，极课大数据的首席执行官李可佳表示，极课大数据的主要目标是在当前大班教学的传统环境下实现个性化教育，争取使广大教师得到解放，以便他们能去做一些更有价值、更有创造性的工作。

另外，据李可佳介绍，极课大数据非常关注校园场景下的数据获取和效率提升。因此，极课大数据坚持从校内的教学环节入手，既不改变教师的教学流程，也不延长学生的学习时间，不仅采集到了教学环节中的所有数据，还会在这些数据的基础上生成数据报告，并在第一时间反馈给教师。在这种情况下，教师就可以及时调整自己的教学节奏和方向，从而大幅度提升教学效果和教学效率。

与此同时，为了实现真正意义上的个性化教育，极课大数据还推出了以教育智能为核心的“超级老师计划”，并致力于打造在算法和海量数据训练基础上的自适应学习引擎。据了解，组成该学习引擎的两个核心是以关系和行为数据为基础的知识图谱、标准化的全量题库。

有了大数据的支持，教师的教学将不再像之前那样盲目，而是变得更加有针对性。这不仅有利于教学效果的提升，还有利于学生的不断进步，更重要的是，有利于推动中国教育事业的不断发展。

8.1.2　借 NLP 提高讲课效率

NLP（Natural Language Processing）是 AI 的一个子领域，即自然语言处理。

随着 AI 的不断发展，自然语言处理技术的能力也越来越强。相关数据显示，2012 年，自然语音处理的错误率约为 33%，截至 2016 年，自然语言处理的错误率已经下降到 5%左右。未来，这一错误率肯定还会更低，与此同时，自然语言处理的效率则会更高。

在教育领域，借助自然语言处理技术，教学语言转化为文字已经成为可能，具体来说，教师的讲解话语，可以被自动识别并转化为板书。教师的教学效率将会比之前有大幅度提升，从而让老师为学生教授更多、更有趣的知识。

科大讯飞成立于 1999 年，是国内一家顶级的科研技术企业，为自然语言处理技术的提升做出了巨大的贡献。自 AI 出现并兴起以来，科大讯飞就一直致力于自然语言处理技术的研发与创新。

发展到现在，科大讯飞已经让自然语言处理技术实现了多方面的突破，其中最明显的就是语音识别能力与语义理解能力的提高，而这也在一定程度上为语音教学、语音测试等教学活动提供了技术支撑。

那么，除了上面提到的提升教学效率，在教育领域，科大讯飞引以为豪的自然语言处理技术还可以带来什么效果呢？这里具体从图 8-3 所示的两个方面进行说明。

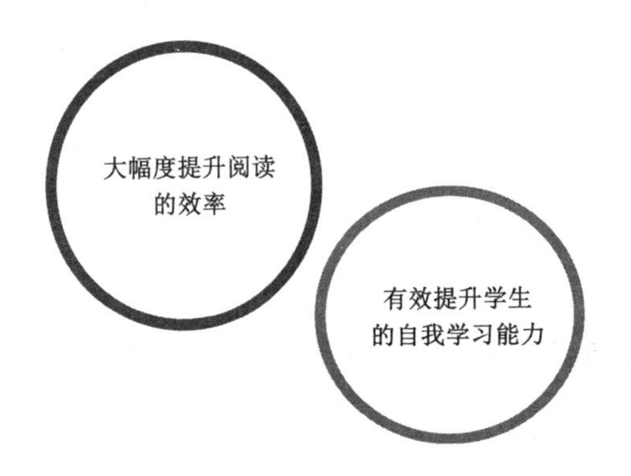

图 8-3　自然语言处理技术为教育领域带来的双重效果

1. 大幅度提升阅读的效率

将自然语言处理技术融入教学中，借助强大的语音识别和智能的语义分析，可以大幅度提升学生的阅读能力和阅读效率。另外，通过采取分级阅读的措施，可以为 AI 产品及算法制定严苛的标准，并为学生及阅读素材划分严格的等级。这样，学生的阅读就会更加科学，也更加合理。

2. 有效提升学生的自我学习能力

将自然语言处理技术融入自然实践中，可以指导学生更好地完成实践。以物理实验来说，以自然语言处理技术为核心的系统可以自动为学生讲解物理实验的操作步骤，而学生则可以在此基础上完成相应的操作。这不仅可以加深学生对物理实验的理解，还可以提升学生的自我学习能力，可谓一举两得。

在教育领域，自然语言处理技术有着非常独特的效果。一方面，它可以将语言转化为文字，从而进一步提升教师的讲课效率；另一方面，它还可以提升学生的阅读效率及自我学习能力。无论是对于教师还是学生来说，这都是大有裨益的。

8.1.3 借表情识别技术，侦测学生注意力

目前，AI、大数据等前沿技术被应用到教育领域，同时也在很大程度上影响着教育产业的变革。因此，在很多专家看来，只有“前沿技术+教育”才是当下这个时代应该实施的教育模式。

2018年4月，在“AI生万物·GMIC2018”未来教育峰会上，要说最受关注和欢迎的教育科技应用，那非学而思培优的“魔镜系统”莫属。通常来讲，传统的教室根本没有办法将教学过程清晰地展示出来，也正是因为如此，教师既不能对教学过程进行科学分析，又很难为学生提供个性化的教学体验。

自从AI出现并兴起以后，图像、语音、文字等数据就可以被很好地识别出来，并形成一个数据汇集平台，“魔镜系统”就是在此基础上的一个教育科技应用。据了解，“魔镜系统”可以提供多个功能，例如师生风格匹配、教师授课评价等。当然，最重要的一个功能是学生听课质量反馈。

在表情识别技术的基础上，“魔镜系统”可以借助摄像头捕捉学生上课时的情绪（例如快乐、愤怒、悲伤、平静等）及行为（例如听课、举手、点头、摇头、做练习等）。同时，“魔镜系统”还可以据此生成专属于每一个学生的学习报告，更重要的是，这份学习报告不仅可以用于帮助教师更好地掌握学生动态，及时调整教学的节奏和方式，还可以给予每一个学生充分的关注。

2017 年 8 月，好未来集团成立了 AI Lab，并先后与多家国内外知名院校（例如斯坦福大学、清华大学等）达成了合作，共同创立实验室，以促进“前沿技术+教育”的实现。对此，AI Lab 负责人杨松帆说：“我们将把科技本身当作业务，打造真正的智慧教室。同时，我们希望通过科技为教育行业赋能，以开放的心态连接行业，共同为教育公平化做出贡献。”

可以预见的是，随着前沿技术的逐渐普及及教育科技应用的逐渐增多，教师的教学、学生的学习都会更加具有针对性，与此同时，中国的教育事业也会发展得越来越好。到了那个时候，教育领域定会是一番全新的景象。

8.1.4 智能批改，为老师减负增效

对于教师来说，一项必不可少的工作就是为学生批改作业，当遇到作业非常多的情况时，教师甚至还会批改到深夜，这难免会对教师的健康造成不良影响。然而，随着信息化建设和 AI 的不断发

展，大数据、语音识别、文字识别、语义识别，使智能批改逐渐变成了现实，如图 8-4 所示。

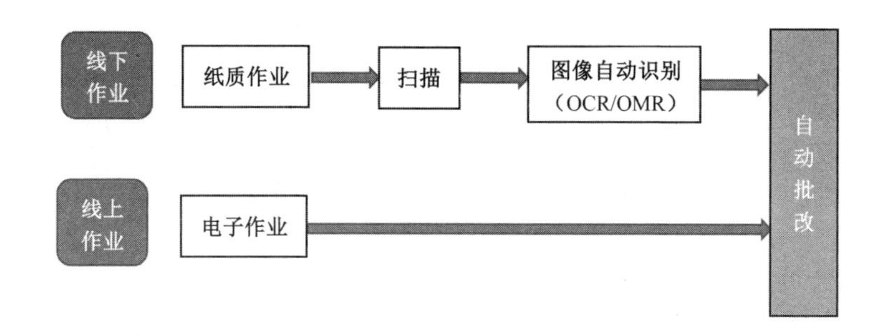

图 8-4　AI 助力作业批改

怎样利用 AI 减轻教师的压力，实现规模化且个性化的作业批改，便成了未来教育的关键攻克点，同时也是大量企业非常关注的内容。在这些企业当中，科大讯飞特别具有代表性。

2017 年“两会”期间，科大讯飞董事长刘庆峰上交了提案，并在提案中明确指出，科大讯飞的英语口语自动测评、手写文字识别、机器翻译、作文自动评阅技术等已通过教育部鉴定并应用于全国多个省市的高考、中考、学业水平的口语和作文自动阅卷当中。而“讯飞教育超脑”也已在全国 70%的地区、1 万多所学校得到了有效应用。

当然，国外也有很多与“讯飞教育超脑”类似的产品，如 GradeScope 和 MathodiX。据了解，GradeScope 起源于一个边缘性的产品，主要目的是使作业批改流程得到进一步简化，从而把教师的工作重心转移到教学反馈上。相关数据显示，使用 GradeScope

的学校已经超过了 150 家，而且其中也不乏一些非常知名的学校。

MathodiX 是来自美国的一个数学学习效果评测网站，它会认真仔细地检查并反馈每一个步骤。

当批改作业这个必不可少的工作从教师转移到机器手里时，当机器批改作业的准确率可以与教师批改作业的准确率相媲美时，批改作业便实现了真正意义上的智能化，与此同时，“AI+教育”也实现了前所未有的新突破。

8.1.5 借知识图谱丰富教学内容

构建一个内容模型，并对其进行进一步优化，便可以创立知识图谱，从而帮助学生更容易，也更准确地发现适合自己的内容。国外已经出现了这方面的应用，其中比较典型的是分级阅读平台。

据了解，分级阅读平台会为学生推荐最合理的阅读材料，同时还会把阅读和教学联系在一起。更重要的是，阅读材料后面还附带小测验，并会生成相关阅读数据报告，这样教师就可以更好地掌握学生的阅读情况。

Newsela 抓取来自多家主流媒体（如《华盛顿邮报》《纽约时报》等）的文章，然后派专人将这些文章改写为难度系数不同的版本，最后提供给处于不同学习阶段的学生。

在 Newsela 的界面上，文章都是按照时间顺序排列的，同时还会及时更新，更具有吸引力的是，学生可以利用搜索主题、类别、关键词的方式，找到自己最感兴趣的文章，如图 8-5 所示。

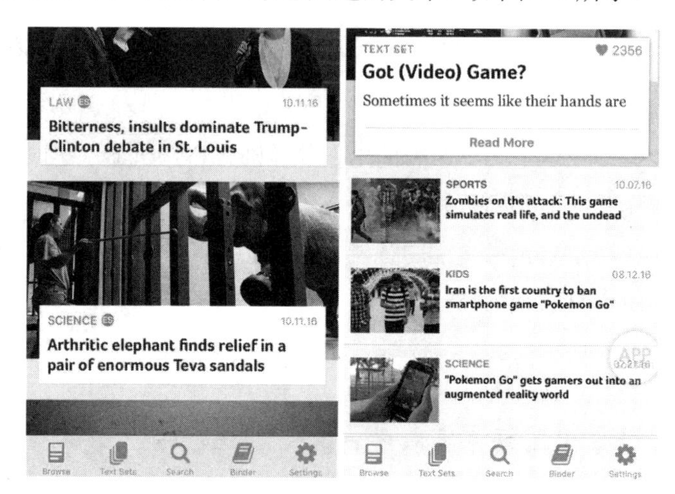

图 8-5　Newsela 的界面

Newsela 上的每篇文章都可以从难到易分为 5 个版本，这里的不同难度是通过对生词量进行调节来实现的。因此，使用 Newsela 的学生并不需要担心自己的词汇量不够，只要用手指上下滑动便可轻松切换文章的难度，非常方便。

不仅如此，在阅读完文章以后，学生还可以进行测试。同一篇文章，如果难度不同，对应的测试题目也不同。每一篇文章后面一共附带 4 道测试题，学生可以在任何时候查阅文章，只要仔细阅读，就可以取得比较不错的测试成绩。

LightSail 是与 Newsela 类似的一个应用。不过，LightSail 上的文章基本上都来自出版的书籍。相关数据显示，LightSail 收集了

400 多个出版商的 8 万多本书籍供学生阅读，而且这些书籍上的文章非常适合学生阅读。

与 Newsela 和 LightSail 相比，Bibblio 有比较大的不同。一方面，Bibblio 是 B2B 业务；另一方面，Bibblio 的主要客户是出版商、教育科技公司等。Bibblio 有一个非常重要的主打产品——知识搜索 SaaS，该产品在很大程度上弥补了搜索的某些缺陷，例如静止、信息未经过滤、杂乱、碎片化、外行等。

从目前的情况来看，使用 Newsela 的学生数量已经接近 500 万，而 LightSail 也与多家学校（主要包括丹佛公立学校、芝加哥公立学校等）达成了密切合作。不过，中国现在还没有像 Newsela、LightSail、Bibblio 这样的个性化阅读学习应用，但未来一定会出现，而且还会越来越多。

8.2 AI 教学典型案例

最近几年，ROOBO 旗下的布丁机器人团队研发出了早教智能机器人——“布丁豆豆”，新东方推出了可以提供互动教学新体验的双师课堂，这些全部都是用 AI 教学的典型案例。可以说，当典型案例变得越来越多的时候，教育领域的智能化将提升到一个全新的水平，而这也会推动着中国教育事业的不断发展。

8.2.1 早教智能机器人

现在，绝大多数父母都忙于工作和生活，没有充足的时间陪伴和教育自己的孩子，在这种情况下，电子产品便成了父母的“替代品”。从很小的时候就让孩子接触电子产品并不是一件好的事情，这对孩子的成长没有太多好处，反而还会影响孩子的心理健康。因此，对于广大父母来说，找到一个自己的最佳“替代品”绝对是一个当务之急。

最近几年，随着 AI 的不断发展，很多父母都开始重视启蒙早教，各种各样的早教智能机器人也应运而生。但是，大多数早教智能机器人更像智能玩具，只可以提供“智能对话”等常规功能，而对于更加高级的人机互动、想象力塑造等方面，则显得无能为力。深受父母和孩子喜爱的“布丁豆豆”似乎是其中的一个异类。

“布丁豆豆”是由 ROOBO 旗下的布丁机器人团队研发的。要知道，ROOBO 可谓是 AI 领域的一大标杆，它为“布丁豆豆”提供了强大的保障。与别的早教智能机器人有所不同，“布丁豆豆”依托于“AI+OS”机器人系统的技术优势，让孩子真正体会到有形之爱。只要是孩子提出的问题，“布丁豆豆”都可以亲切地回答。

作为一个合格的早教智能机器人，当父母忙于工作和生活时，“布丁豆豆”完全可以担负起教育和陪伴孩子的重任。此外，“布丁豆豆”的造型也非常具有吸引力，深受孩子的喜爱，如图 8-6 所示。

图 8-6 “布丁豆豆”早教智能机器人

通过图 8-6 我们可以看出，“布丁豆豆”采用先进的流体曲线设计，同时还选择了充满未来感的鸡蛋形状及充满生命感的绿色外壳。更值得一提的是，为了更加贴合孩子的天性和特征，“布丁豆豆”还专门采取了交互设计。

对于孩子而言，“布丁豆豆”不是一个没有任何感情的机器人，当孩子抚摸它的时候，它会害羞地笑；当孩子抱起它的时候，它又会开心地抖动身体。

除了可以成为孩子的“好朋友”，“布丁豆豆”还可以成为孩子的教育启蒙者，它具备的双语功能打破了普通早教智能机器人的设计理念。不仅如此，在强智能语音系统 R－KIDS 的助力下，“布丁豆豆”还可以对孩子的语音进行识别，只要孩子发布简单的语音指令，就可以实现国语与英语之间的自动切换。

在双语环境下，“布丁豆豆”既可以帮助孩子学习英文单词和常用短语，又可以教孩子哼唱一些比较经典的英文儿歌。这不仅有利于培养孩子的英语语感，还有利于启蒙孩子的英语天赋。

除此之外，通过“多元智能”的模式，“布丁豆豆”可以让孩子在多个领域得到锻炼，例如锻炼孩子识别颜色的能力、锻炼孩子的手部精细动作等。当然，“布丁豆豆”还可以挖掘孩子的学习潜能，培养孩子的艺术修养等。毋庸置疑，父母最重视也最头疼的问题已经被“布丁豆豆”解决，未来，在“布丁豆豆”的陪伴和教育下，越来越多的孩子会赢在新的起跑线上。

ROOBO 旗下的布丁机器人团队一直致力于研发带有教育启蒙功能的早教智能机器人，“布丁豆豆”则是这一团队的最佳成果。2017 年 1 月，“布丁豆豆”就已经在国外亮相，而且还获得了“全球年度儿童智能机器人金奖”。

当 AI 逐渐完善以后，像“布丁豆豆”这样的早教智能机器人还会越来越多，到了那个时候，孩子就可以拥有一个可以谈心的“好朋友”，而父母也有更多的时间和精力去工作，从而为孩子提供更加坚实的物质保障。

8.2.2 双师课堂：互动教学新体验

2016 年，在新京报举办的一次互联网教育的峰会上，新东方董事长俞敏洪做了主题演讲，演讲中有这样一段话："新东方从今年开始，会大量布局所谓的双师课堂，通过互联网的技术、平台把新东方最优质的内容通过直播、录播的方式同步传播到当地的城市，然后把学生组织起来学习……"

在布局双师课堂方面，新东方确实做得非常不错，那么，究竟何谓双师课堂呢？顾名思义，双师课堂指的就是一个课堂配有两名教师，一名是教学经验丰富、教学成果显著的"明星教师"；另一名是经过严格选拔和专业培训的学习管理教师。

其中，"明星教师"通常由高校名师、杯赛教练、网课名师担任，主要工作是通过相关设备远程为学生授课；而学习管理教师则负责在课堂上进行全面配合和跟进，例如对学生进行管理和监督、查看学生的笔记、批改学生的作业等。

很多人也许会有疑问，新东方的双师课堂究竟是怎样开展课程的呢？具体包括以下几个步骤：

（1）学生提前进入课堂，复习前一天做的笔记，准备入门测试。同时，学习管理教师组织发放答题器并组织签到，而且还要把学生的电子设备收上来，以便学生可以更加专心地听教师讲课。

（2）上课前 10 分钟，学生使用答题器完成入门测试，测试结果会在第一时间同步到掌上优能，而学习管理教师也会将其分享到家长群，以便家长了解学生的复习情况。

（3）完成入门测试以后，学生打开自己的笔记本准备上课，而教师则会用非常新颖的方法和非常前卫的思路为学生授课。

（4）在授课过程中，教师会随时与学生进行互动，例如题目抢答、趣味手势游戏等，积极参与的学生还会有机会获得小礼品。

（5）在教师讲授新课程的期间，学习管理教师会一直陪同和监督学生，例如保证课堂纪律、及时调整学生状态、布置相关作业等。

（6）新课程讲授完毕，学生完成出门测试，与此同时，学习管理教师会对学生的笔记进行查看，如果笔记合格，那么学生就可以拿回自己的电子设备，离开教室。

（7）课后，家长们会收到学生的学习情况反馈，而学生们则会被催促尽快完成作业打卡。与此同时，学生们还会收到新课程无障碍解析、作业点评、作业错题讲解资料等。

可见，新东方的双师课堂有着非常严谨的步骤，在这些步骤的助力下，新东方的双师课堂已经吸引了一大批新学生。

当然，除了新东方，学而思、凹凸、快乐学习等知名课外辅导机构也纷纷涉足双师课堂，这不仅意味着 AI 在教育领域的“遍地开花”，更意味着中国教育事业正在迈向一个新的高峰。

8.3 面对 AI，教师的抉择

自从 AI 出现并兴起以后，AI 会取代某些职业的论断就没有消失过，就连被称为“人类灵魂工程师”的教师也榜上有名。那么，教师是不是真的会被 AI 取代呢？现在谁都无法给出一个正确的答案。但有一点可以肯定的是，在 AI 时代，教师必须尽快提升自己，努力培养危机意识、改革意识、“三商”，即使哪一天 AI 变得足够强大，也不必担心自己会被取代。

8.3.1 危机意识：提高教学的创新性

前面已经说过，教师被 AI 取代的概率是很低的，但这并不表示教师就可以放松警惕。在当下这个 AI 时代，教师必须拥有一定的危机意识，一旦有了这样的意识，教师就会想方设法提升教学的创新性。那么，教学的创新性究竟应该如何提升呢？教师需要从图 8-7 所示的 3 个方面着手。

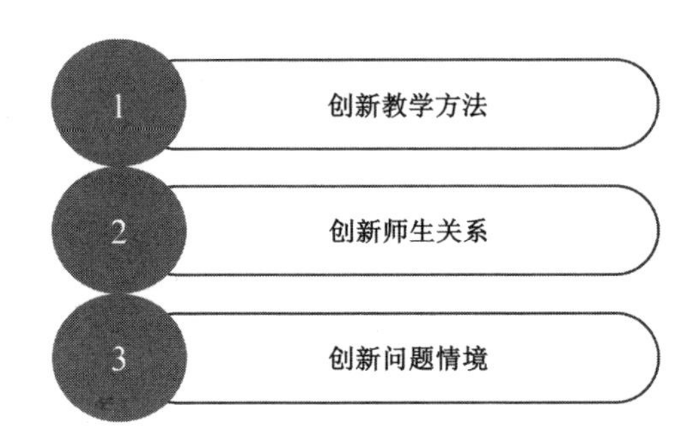

图 8-7　提升教学创新性的 3 个方面

1. 创新教学方法

在传统教学当中，教师一般都会采取启发式、情景式等方法，目的也非常简单，让学生学会应该掌握的知识。但不得不承认的是，这些方法很难让学生主动地接受知识，而且还不利于培养学生的各方面能力。因此，对于广大教师来说，创新教学方法已经成了当务之急。

要想实现教学方法的创新，教师就必须既让学生“学会”知识，又让学生“会学”知识，而其中最关键的是学习方法的指导。具体来说，教师应该教会学生怎样获取和巩固知识及怎样将这些知识应用到具体问题中去。

2. 创新师生关系

在传统的师生关系当中，教师处于主动状态，而学生则处于被动状态，长此以往，学生的主体地位、创新精神、创新思维难免会被扼杀，所以要想提高教学的创新性，教师就必须将自己的主导作用充分发挥出来，与学生形成一种平等、合作的关系。

另外，在教学过程中，教师还要秉持一种宽容和开放的心态，让自己成为学生探索知识的助力者。与此同时，教师还要保证学生的主体地位，让学生自主、轻松、活泼地进行学习和思考，并从中培养学生的创新能力。师生关系越和谐，学生的学习效果就会越好。

3. 创新问题情境

一个完美的问题情境设计可以让学生对问题有更加强烈的兴趣，这是提升学生创造力的一个重要条件。为此，教师先要营造一个比较舒适的教育氛围，形成一个可以吸引学生的良好环境，同时还要根据不同学科的具体情况，使问题情境得到进一步创新。

需要注意的是，上面所说的问题情境最好有一定的难度，只有这样，才可以让思考的过程变成一个创新的过程，从而充分调动学生思维活动的主动性和创新性，教师的教学创新能力也会因此得到大幅度提升。

在 AI 时代，创新似乎是一个非常关键的字眼，只有不断创新、积极创新，才可以跟上潮流，这一点对教师也同样适用。具体来说，教师必须尽快提高教学的创新能力，才能在一定程度上保证自己不被 AI 取代，才能在 AI 时代中找到属于自己的那一方天地。

8.3.2 改革意识：顺应AI，增加教学的科技感

2017年3月2日，由新华文轩、温江区教育研究培训中心、成都市教育科学院联合举办的“地理专用教室创新课程研发基地”授牌仪式暨捐赠活动在温江寿安中学举行。在现场，寿安中学的罗春老师为自己的学生上了一堂别具一格的地理课，与此同时，一个充满科技感的“地理专用教室”也正式亮相。

在新华文轩、有关教育部门、寿安中学的共同助力下，“教育装备课程化”已经迈出了极为关键的第一步。据新华文轩成都市公司总经理杨宇表示，为了成功打造“地理专用教室”并建立基地，新华文轩教育装备中心向寿安中学捐赠了很多先进的教学设备，总价值已经超过30万元。与此同时，他还说：“打造一个学科专用教室，教学装备投入可以从几十万元到几百万元不等。投入越多，增加的教学设备更先进，教学方式就更丰富。”

那么，杨宇所说的学科专用教室与传统教室有什么不同呢？寿安中学的“地理专用教室”又是什么样的呢？罗春老师似乎可以给出答案。在现场，罗春老师不仅做了一个以“基于地理学科素养的地理学习空间构建”为主题的演讲，而且还在“地理专用教室”给学生们上了一堂关于“干旱的宝地——塔里木盆地”的地理课。

地理课一开始，罗老师就播放了电视剧《鬼吹灯之精绝古城》的一个片段，因为当时这部电视剧正处于火热期，所以每一位学生

都非常感兴趣。看完电视剧以后，罗老师并没有像之前那样说正式上课，而是说："让我们一起去精绝古城探险吧!"

通过一些先进的教学设备（例如数字立体地形、多媒体球幕投影演示仪、数字地理模型、天文演示仪、环幕示教系统等），罗春老师成功创造了一种新的地理授课方式。此外，学生们的积极性、踊跃程度，也都比之前提高了很多，再加上罗春老师自带的诙谐幽默风格，整堂地理课都处于一个轻松愉悦的环境当中，正是因为如此，这堂地理课受到了广大学生的认可和喜爱。

既然 AI 时代的到来已经是一个无法逆转的事实，那么教师就应该尽快接受这一现实，同时还应该在积极顺应 AI 的同时增强教学的科技感。在这一方面，罗春老师就是一个比较出色的榜样。

当然，教学科技感的增强还要依赖于学校、科技企业、有关教育部门的支持，一旦有了这样的支持，教师就必须牢牢把握，以便进一步提升自己在 AI 时代的竞争力。

8.3.3 教师必备的"三商"：爱商+数商+信商

对于处在 AI 时代的教师来说，要想像之前那样被学生需要，就必须具备如图 8-8 所示的"三商"。

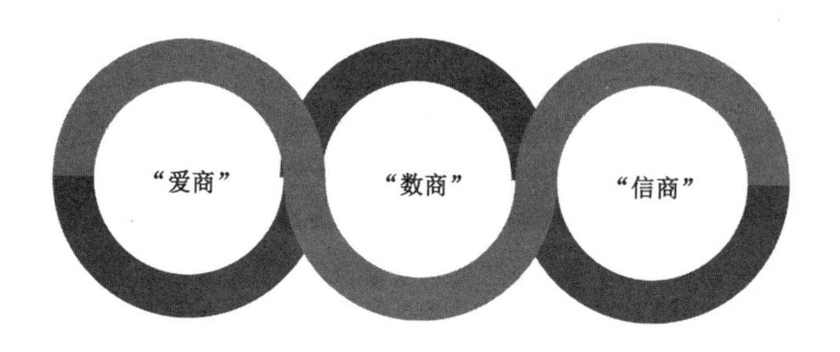

图 8-8　AI 时代的教师必须具备的“三商”

1. “爱商”

“爱商”是教师最核心的情商，与价值观、情感实践有着非常密切的联系，这是 AI 无法为学生提供的。教师之所以可以成为教师，就是因为他们有一颗仁爱的心，而且也具备非常强大的“爱的能力”。

在这个充满了编码、程序、算法的 AI 时代中，教师可以及时给予细致入微的关爱、尊重、呵护，从而让学生感受到情感的温度及人性的力量，更重要的是，也可以让学生学会关心和爱护他人，这非常有利于学生的身心健康。

2. “数商”

“数商”是教师最重要的智商之一，与“大数据”有着非常密切的关系。AI 时代与大数据时代相伴相随，数据是 AI 得以顺利运行的基础，AI 进入了传统课堂，也就意味着大数据进入了传统课堂。

因此，在 AI 时代，大数据已经成了教师必备的一项新的教学基本功，而大数据时代的教师及其自身所附带的工匠精神，也将会被赋予新的核心内涵——“数据精神”。

3. “信商”

和“数商”一样，“信商”也是教师最重要的智商之一，而且与“信息时代”着非常密切的关系。除了数据，AI 时代还会涌现出大量的教育教学信息，面对这些教育教学信息，教师需要具备非常良好的“信商”，具体涉及收集、分析、辨别、处理、整合、利用教育教学信息的能力。只有真正具备了这样的能力，教师才能避免在大量的教育教学信息面前偏离方向、迷失自我。

至于教师应该如何拥有上述这“三商”，最关键的应该是培养自己的各方面能力，例如持续学习能力、综合运用各种 AI 产品的能力、移动学习能力等。在已经经历过的所有时代中，AI 时代对教师提出的期待和要求是最高的：不学习，就很有可能被淘汰；不持续学习，就很有可能会落伍，甚至消失在教师队伍中。

“AI+教师”已经不仅仅存在于想象之中，而是已经成了一个正在到来的现实，如果教师不尽快接受这一现实，那就只能等着被 AI 取代，失去自己赖以生存的“铁饭碗”。

第九章

AI 重新定义医生：病人至上，最美医者

人们赖以生存的一个基本需求是健康，但是，在拥有超过13亿人口的中国，平均1.5个内科医生需要诊治1000多位病患，当然，其他科的医生也大致需要诊治这么多的病患。另外，传统的诊治过程中，大多数医生使用的都是排除法，在这短短十几分钟甚至几分钟的时间里，要想掌握病患的真正问题，医生就必须获取足够的真实信息。实际上，这些信息已经可以由AI技术来获取，从这个角度来看，AI确实发挥了提升医生能力、完善诊治效果的强大作用。

9.1 AI赋能医生

2017年，中国的一个AI机器人接受了国家医疗执照考试，令人震惊的是，这个AI机器人不仅通过了考试，而且还取得了比分数线高出96分的好成绩。据了解，这个AI机器人名叫小伊，是由科大讯飞开发的。通过此次国家医疗执照考试就可以知道，小伊不仅拥有比较丰厚的医学知识，而且也拥有成为一名真正医生的资格。

9.1.1 AI预测疾病，防患未然

2017年，谷歌组织了一场针对乳腺癌诊断的“人机大战”。起因是这样的：谷歌、谷歌大脑、Verily联合研发了一款可以用来诊断乳腺癌的AI产品，为了对该AI产品的诊断效果进行进一步考查，谷歌决定让其与一位具有多年经验的专业医生展开“比拼”。

结果，那位具有多年经验的专业医生花费了30多个小时的时间，认真仔细地对130张切片进行了分析，但依然以73.3%的准确率输给了准确率高达88.5%的AI产品。毋庸置疑，在医疗领域，AI正发挥着越来越重要的作用。

The Verge的报道显示，北卡罗来纳大学的研究人员已经设计并研发出了一套可以预测自闭症的深度学习算法。这套算法会对人脑部数据进行不断“学习”，并在此过程中自动判断大脑的生长速度是不是正常，从而获得自闭症的早期线索。

这样，医生就可以在自闭症症状出现之前介入治疗，而不需要等到确诊之后再开始治疗。而且，与后者相比的话，前者的治疗效果要更好，毕竟确诊前才是大脑最具有可塑性的阶段。

当然，除了北卡罗来纳大学，还有很多大学也开始在AI领域

布局。斯坦福大学就设计并研发了一种机器学习算法，这种算法可以直接通过照片诊断出皮肤癌这一疾病。而且出乎意料的是，其诊断效果甚至打败了具有丰富经验的皮肤科医生。

不单单在深度学习算法、机器学习算法等技术方面，在护理方面，AI 似乎也可以达到非常不错的效果。加州大学洛杉矶分校介入放射学的研究者们，借助 AI 的力量，开发出了一个介入放射学科的智能医疗助手。

据了解，该助手可以与医生展开深度交流，与此同时，针对一些比较常见的医疗问题，该助手还可以在第一时间给出具有医学依据的回答。Kevin Seals 是一个著名的医学博士，他表示，加州大学洛杉矶分校的这项研究会让医疗机构的每一个人获得利益。

例如，介入放射科医生可以把电话沟通的时间节省下来，用到照顾病患上面；护士可以更迅速、更方便地获得医疗信息；病患可以更加准确地掌握与治疗有关的情况，并接受更高水平的治疗与护理。

可见，无论是在预测疾病方面，还是在诊断疾病方面，AI 都扮演着非常关键的角色。也正是因为如此，在面对疾病时，医生、护士、病患都可以表现得比之前更加从容、淡定。更重要的是，疾病的治愈率也有了一定程度的提升。

9.1.2 医疗机器人，医生的好帮手

在武汉协和医院，每天忙忙碌碌的除了医生和护士，还有医疗机器人，而且该医疗机器人还有一个非常可爱的名字——“大白”。作为中国第一个自主研发的医疗机器人，“大白”拥有非常聪明的大脑，可以成为医生、护士的好帮手。

从目前的情况来看，武汉协和医院已经成功引进了两个“大白”，分别服务于外科楼的两层手术室，其主要工作是配送手术室的医疗耗材。“大白”的学名是智能医用物流机器人系统，长度为0.79 米、宽度为 0.44 米、高度为 1.25 米、容积为 190 升，可以承担 200 千克的重量。

一般来讲，在接到医疗耗材的申领指令以后，“大白”就会主动移动到到仓库门前，等待仓库管理员确认身份打开盛放医疗耗材的箱子，扫码核对将医疗耗材拿出仓库。接下来，“大白”会根据之前已经“学习”过的地形图，把医疗耗材送到相应的手术室门口，护士只要扫描二维码就可以顺利拿到。

在早之前，“大白”接受了“试用期考评”，结果显示，“大白”把医疗耗材从库房配送到手术室，一次需要不到两分钟的时间，每天平均可以配送 140 次。这也就意味着，“大白”所做的工作，与 4 名配送人员所做的工作是一样的。因此，可以使医疗机构的人力成本得以大幅度降低。

另外，“大白”还可以自己主动去充电，从充电开始到充电结束，大约需要5小时的时间。充满电以后，“大白”只可以运行2小时。因此，为了让自己保持电量充足的状态，“大白”会经常到那个属于自己的角落充电。

相关数据显示，在观察阶段，“大白”一共配送422次、避开行人420次、避开障碍物414次。实际上，对于“大白”来说，避开行人、避开障碍物并不是什么非常困难的事情。

除此以外，“大白”还有一颗非常聪明的大脑。这颗大脑可以帮助“大白”准确实现对医疗耗材的全过程管理（例如，入库、申领、出库、配送、使用记录等）。一方面，这有利于对医疗耗材进行追根溯源；另一方面，这也有利于大幅度提高手术室内部的管理效能。

高兴莲是武汉协和医院的手术室总护士长，据她介绍，在白天的医疗耗材配送之后，“大白”还可以完成医疗耗材的使用分析和成本核算，并根据具体的手术类型，设定不同的医疗耗材使用占比指标，以此进行医疗耗材使用绩效评估，从而促进医疗耗材的合理使用，节约相关成本支出。更重要的是，还可以使医疗物资管理变得更加有效，以便在降低运营成本的同时保障病患权益。

从目前的情况来看，像“大白”这样的医疗机器人还有很多，而这些医疗机器人也有着不同的功能，例如，帮助医生完成手术（见图9-1）、回答病患问题、接受病患咨询等。不过即使如此，医疗机器人也不可能承担所有的医疗工作。

图 9-1　AI 帮助医生做手术

应该知道，医生和护士始终都是医疗领域的核心，医疗机器人充其量只能算是一个辅助的工具。以达·芬奇机器人为例，虽然 AI 程度已经非常高，也可以很好地完成手术，但依然离不开医生的操作。

9.1.3　AI 影像技术，提高工作效率

据相关数据显示，90%左右的医疗数据都来自医学影像，而且中国医学影像数据还正以 30%的增长率逐年增长。不过，影像科医生的整体数量和工作效率似乎根本没有办法应对这样的增长趋势，

而影像科医生也因此面临着巨大的压力。如图 9-2 所示为 AI 医疗影像识别。

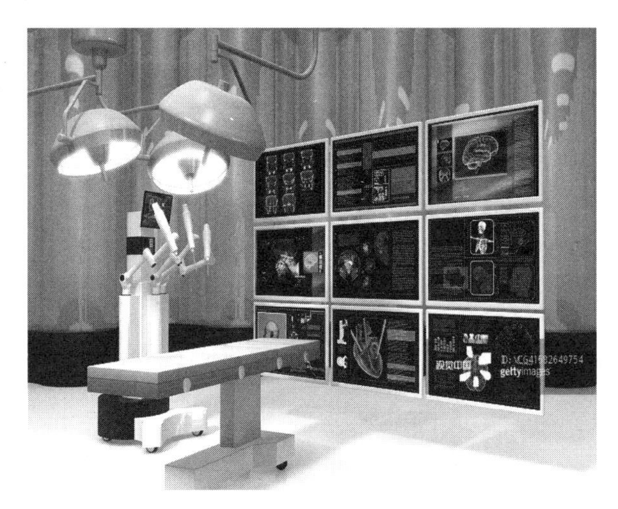

图 9-2　AI 医疗影像识别

从目前的情况来看，绝大部分医学影像数据仍然需要人工分析，这种方式存在比较明显的弊端，比如精准度低、容易造成失误等。然而，自从以 AI 为基础的“腾讯觅影”出现以后，这些弊端就可以被很好地解决。

2017 年，腾讯正式推出了“腾讯觅影”。在最开始的时候，“腾讯觅影”还只可以对食道癌进行早期筛查，但发展到现在，已经可以对多个癌症（例如，乳腺癌、结肠癌、肺癌、胃癌等）进行早期筛查。而且值得一提的是，已有超过 100 家的三甲医院都已经成功引入了“腾讯觅影”。

从临床上来看，“腾讯觅影”的敏感度已经超过了85%，识别准确率也达到90%，特异度更是高达99%。不仅如此，只需要几秒的时间，“腾讯觅影”就可以帮医生“看”一张影像图，在这一过程中，“腾讯觅影”不仅可以自动识别并定位疾病根源，还会提醒医生对可疑影像图进行复审。

国家消化病临床医学研究中心柏愚教授曾说：“从消化道疾病来看，我国的食管胃肠癌诊断率低于15%；与日韩胃肠癌五年生存率达到60%至70%的数据相比，我国五年生存仅为30%至50%。提高我国的胃肠癌早诊早治率，每年可减少数十万的晚期病例。”柏教授同时还表示，AI有利于帮助医生更好地对疾病进行预测和判断，从而提高医生的工作效率、减少医疗资源的浪费，更重要的是，还可以将之前的经验总结起来，增强医生治疗疾病的能力。

中国医学科学院/北京协和医学院肿瘤研究所流行病学研究室主任乔友林说：“现在有很多平台在做医疗AI，但拼的就是能否得到医学高质量、金标准的素材，而不是有了成千上万的片子，就能得到正确的答案。”的确，医学是具备标准的，但有的时候，AI会因为一些低质量的素材而远离标准，在这种情况下，能不能提供高质量的素材让AI学习，便成了一个非常关键的问题。

据了解，在全产业链合作方面，“腾讯觅影”已经与中国多家三甲医院建立了AI医学实验室，那些具有丰富经验的医生和AI专家也联合起来，共同推进AI在医疗领域的真正落地。

乔友林介绍，目前 AI 需要攻克的一个最大难点就是，从辅助诊断到应用于精准医疗。“宫颈癌筛查的刮片，如果采样没有采好，那么最后可能误诊。但采用 AI 之后，就能够把整个图像全部做分析，迅速判断是或不是。但具体到癌症的定级还有一段路要走。医学有很多非常困难的‘灰色地带’，似是而非的地方。我们把宫颈癌分为五个级别，如何让 AI 准确定级是关键。”

由此可见，在医疗领域，AI 还有很大的提升空间，但这并不会影响 AI 已经发挥出来的强大作用。而且能够预见的是，未来越来越多的医疗机构将引入“腾讯觅影”这样的 AI 产品，从而使自己的智能化程度得以进一步提升。

9.2　AI 医疗典型案例

近年来，AI 在医疗领域的应用正在变得越来越多，甚至还有专家提出，“尽管智能客服和智能投顾非常火热，但 AI 可能会在医疗领域率先落地。”一方面，某些关键技术（如深度学习、图像识别、神经网络等）的突破使 AI 获得了新一轮的发展，同时也推动了医疗领域与 AI 的进一步融合；另一方面，社会的逐渐进步、健康意识的越发强烈、人口老龄化问题的不断加剧，为医疗领域提出了更高的要求。

9.2.1 IBM：Watson智能医疗系统

2016年12月，在浙江省中医院院内，“浙江省中医院沃森联合会诊中心”正式宣布成立。这一会诊中心的成立有着十分重要的意义，主要体现在以下两个方面：

（1）这在一定程度上表示，中国医疗领域将会实现真正意义上的AI辅助诊疗，从而进一步促进中国医疗事业的精准化、规范化、个性化。

（2）联合成立方思创医惠、杭州认知网络、浙江省中医院将进行长期合作，而合作方向则是IBM Watson for Oncology服务内容。值得注意的是，这是自IBM Watson for Oncology引入中国以来，在医疗领域的正式落地。

从2016年开始，Watson就对医疗领域展开了十分猛烈的“攻击”，而且受到了非常广泛的关注。东大医学院提供的数据显示，Watson可以在10分钟内对20万份医学文献、论文和病理进行仔细阅读和深度剖析，同时还可以辅助医生为病患制订个性化的治疗方案。这不仅有利于大幅度减少医生的诊疗时间，还有利于进一步降低医生的出错概率。

另外，IBM 提供的资料显示，Watson 具有非常强大的软硬件支持，具体包括图 9-3 所示的 4 种。

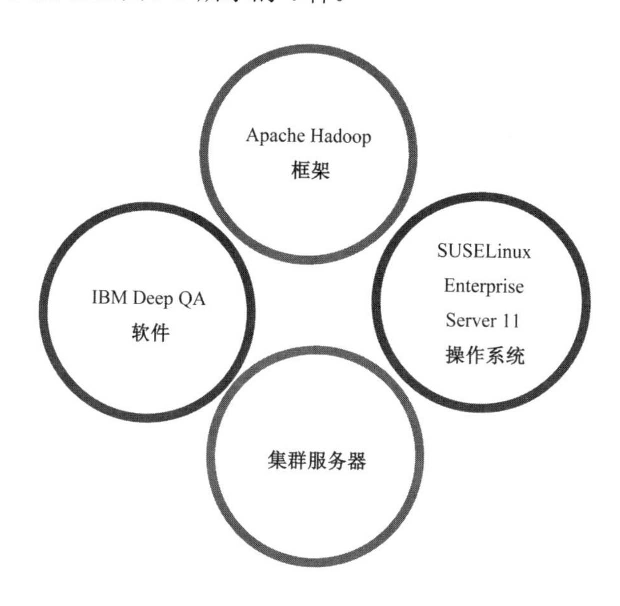

图 9-3 Watson 的软硬件支持

其中，在 Apache Hadoop 框架、IBM Deep QA 软件、SUSE Linux Enterprise Server 11 操作系统的助力下，Watson 的“理解+推理+学习”三大基础能力便可以很好地实现，进而得以与医生的一般诊断模型融合在一起，形成 Watson 在提供辅助诊疗时的处理逻辑。

而集群服务器则是由近 100 台 IBM Power750 服务器组成的，可以在很大程度上保证 Watson 的运算能力。具体来说，只需 1 秒的时间，Watson 便可以处理 500GB 的数据。要知道，500GB 的数据与 100 万本书相差无几。

2012 年，Watson 通过了美国职业医师资格考试，并被引进到多家美国的医疗机构当中。2016 年，Watson 的发展进程又有了新的突破，例如，进军中国医疗领域、收购专业子公司、成立医学影像协作计划、推出肿瘤基因组测序服务、开发白内障手术 App 等。目前，Watson 已经能够为肺癌、乳腺癌、直肠癌、结肠癌、胃癌、宫颈癌 6 种癌症提供相应咨询。

由此可见，IBM 一直在“AI+医疗”方面积极布局，除了 Watson，还取得了很多非常不错的成果。未来，无论是 IBM，还是以 Watson 为代表的 AI 产品，都将有非常不错的发展，这是非常值得期待的。

9.2.2 百度医疗大脑：智能协助，一切为了病人

2016 年 10 月，“百度医疗大脑”正式发布，这是百度在“AI+医疗”方面的重大成果。据了解，“百度医疗大脑”致力于将相关技术（例如，自然语言处理、深度学习等）加入医生的问诊过程当中，主要目的就是提高医生的问诊效率和问诊质量，进而推动中国医疗事业的良好发展。

自从推出“百度医疗大脑”以后，百度医疗就不再像之前那样，只是一个医疗数据库，而是已经变成了可以参与诊断过程的 AI 产品。通过各种各样的医疗数据、专业文献进行采集与分析，“百度医疗大脑”不仅可以实现产品设计的智能化，还可以模拟医生的问

诊过程，与病患进行深入交流，然后根据病患的实际情况给出合理的意见和建议。

实际上，早在 2014 年的百度世界大会上，百度医疗就已经宣布要推出“百度医疗大脑”；2015 年，百度又上线了一系列 AI 医疗产品，如百度医图、百度医生、百度医疗直达号、百度医学等，这些产品的主要目的就是为医生和病患提供资料搜索、在线咨询等服务；2016 年，“百度医疗大脑”正式推出并收获了广泛的好评。

可见，从最开始的搜索咨询一直到现在，百度医疗经历了“连接医患（医生与患者）与信息”到“连接医患与服务”再到“连接医患与 AI”的转变。对此，百度总裁张亚勤指出，百度研究 AI 的目的不仅仅是为了相关机构和企业的技术升级，更是要将科技成果普及给普通大众，实现智能化、高效化、便捷化的生活体验。

另外，在解释“百度医疗大脑”的工作原理时，百度 AI 首席科学家吴恩达说道：“‘百度医疗大脑’主要运用了深度学习和自然语言处理技术。百度会将自己在搜索引擎、百度医疗等平台上搜集的海量数据提供给医疗大脑的深度学习模型，并让模型分析这些医疗文本和图像数据，这将让医疗大脑的深度学习模型更加智能。”

百度是中国最大的一个搜索引擎网站，同时也是很多人在网上寻医问药的首要选择，也正是因为这样，百度才获得了大量各种各样的数据。百度提供的数据显示，每天，在百度上搜索“医疗机构相关”信息的人数已经超过了 300 万，搜索“疾病相关”信息的人数也已经超过了 1500 万，搜索“医疗健康”类信息的人数更是高达 5400 万以上。

当一个病患想要通过“百度医疗大脑”完成问诊的时候，必须遵循以下几个步骤：

（1）通过手机、电脑等电子设备登入“百度医疗大脑”，按照自己的实际情况手动选择对应的科室。

（2）“百度医疗大脑”会根据病患的实际情况向其询问一些问题，并根据病患的回答询问更深层次的问题。

（3）“百度医疗大脑”会结合自己的医疗文献数据库为病患提供合理的诊断建议，如果出现比较复杂的疾病，那么“百度医疗大脑”会将病患直接转给医生。

在这一问诊过程当中，最关键的一项技术应该是自然语言处理。通过该项技术，“百度医疗大脑”可以将病患输入的通俗语言与专业医疗术语连接起来。据吴恩达透露，将医疗与 AI 融合到一起是他一直以来的梦想。“我的爸爸是一名医生，在我 15 岁的时候，我爸爸就曾经尝试编写一些人工智能程序来帮助他问诊。后来我在香港的诊所里也观察过医患的问诊过程，那时我就想怎么利用人工智能提高问诊效率。那还是二三十年前的事情，我相信人工智能技术在不远的未来就能帮助人们实现这一过程。”

正如吴恩达所说，在不久的将来，AI 会辅助医生完成问诊，从而大幅度提高问诊效率。到了那个时候，不仅问诊效率会有大幅度提高，问诊的精确度、整体质量也会有大幅度提高，而这些当然也离不开“百度医疗大脑”等AI医疗产品的支持和帮助。

9.2.3 达·芬奇机器人手术系统，走进手术室

1999年，直观外科手术公司研发出了一款机器人手术系统，而且获得了获得欧洲CE（欧洲共同体）市场认证。这款机器人手术系统名为“达·芬奇”，是世界上第一台真正意义上的手术机器人。2000年7月，“达·芬奇”又获得了美国食品药品监督管理局（FDA）市场认证，从而成为世界上第一款可以正式在手术室中使用的机器人手术系统。有了“达·芬奇”以后，外科医生就可以采用微创的方法进行比较复杂的外科手术。

通常来讲，要想很好地控制“达·芬奇”及其上的三维高清内窥镜，医生需要坐在控制台中，远离手术室无菌区，同时还要使用双手操作两个主控制器，使用双脚操作脚踏板。

在进行某些传统手术（例如，腹腔镜手术）时，医生通常需要长时间保持站立的状态，而且手里还要拿着没有“手腕”的长柄工具，更困难的是，还要到附近的一个二维屏幕上观察目标解剖图像，同时还需要一名助手来正确地放置探头。而“达·芬奇”不仅使医生能够坐在控制台进行操作，还使医生能够通过眼睛和双手来控制其上的相关设备。

另外，“达·芬奇”可以提供非常精准的可视化图像，其独特的灵巧性、更佳的舒适性、极高的准确性，让医生可以在获得最优体验的同时进行涉及解剖或重建的微创手术。不仅如此，“达·芬奇”还可以让接受手术的病患感受到微创手术的潜在好处，具体包括非常轻微的痛苦、极少的失血、最低化的输血需要。当然，在“达·芬奇”的助力下，病患的住院时间也可以大幅度缩短，从而使病患尽快恢复正常的日常活动。

2000 年，美国食品药品监督管理局批准将“达·芬奇”应用到某些手术当中，例如，非心血管疾病的胸腔镜手术、泌尿手术、妇科腹腔镜手术、腹腔镜手术、胸腔镜辅助心内手术等。与此同时，食品药品监督管理局还批准了“达·芬奇”用于心脏血运重建、辅助纵隔切开术、进行冠状动脉吻合手术。

从目前的情况来看，除了上述提到的那些，“达·芬奇”还可以成功地应用到以下几类手术当中：

（1）根治性前列腺切除术、输尿管膀胱再植术、膀胱切除术、肾切除、肾盂成形术。

（2）骶骨阴道固定术、子宫切除术，子宫肌瘤剔除术。

（3）食管裂孔疝修补术。

（4）胃旁路术、Nissen 胃底折叠术、Heller 术、脾切除术、肠切除术、胆囊切除术、保留脾脏胰体尾切除术。

不过，必须知道的是，使用“达·芬奇”的费用是非常高昂的。相关数据显示，“达·芬奇”的售价在200万美元左右，每年的维护成本超过了10万美元。另外，“达·芬奇”的“手臂”只有10次“存活”的机会（在使用10次以后，装在机械臂远端的手术器械就需要进行更换），而这些也是限制“达·芬奇”普及和发展的主要因素。

2001年，全球远程手术里程碑——“林德伯格行动”正式展开，在该行动当中，“达·芬奇”发挥了异常重要的作用。具体来讲，通过高速光纤和宙斯遥控装置，Marescaux医生和一个来自IRCAD的团队，顺利完成了历史上第一台横跨大西洋的手术。这也就表示，有了“达·芬奇”以后，医生可以对另一个国家的病患施行远程手术。

一直以来，全球医疗资源就处于一个比较失衡的状态，如果远程医疗真的可以成为现实并逐渐普及，那么对于医疗资源匮乏的国家来说，这无疑是一件非常有益的事情。未来，像“达·芬奇”这样的AI医疗产品还会越来越多，而医疗领域所面临的挑战和困难则会越来越少，从而促进全球医疗事业的蒸蒸日上。

9.3 AI+医生：更好的医疗未来

2014 年，马云曾说："今后阿里想干的就是健康、快乐两个产业。如何让人更加健康，如何让人更加快乐？不是建更多的医院，找更多的医生，更不是建更多的药厂，而是我们（投资）做对的话，30 年以后应该是医生找不到工作了，医院越来越少了，药厂少了很多，这说明我们做对了。"那么，真的就像马云所说的那样，医生将会找不到工作了吗？其实并不是，在所有的医疗未来中，AI 和医生联合起来，共同为医疗领域做贡献才是最好的，也是最具有吸引力的。

9.3.1 AI 迅速培养年轻医生

如果我们仔细分析"AI+医疗""互联网+医疗"的提出背景，那么不难发现，它们包含着一个共同的医疗领域痛点——医生稀缺。Lancet 杂志提供的数据显示，从 2005 年到 2017 年的 10 多年中，中国一共培养了将近 500 万名医学专业毕业生，但总的医生数量却仅增加了 75 万名，这也就表示，有超过 400 万名的医学人才已经流失。

导致该结果的关键因素之一就是培养医生的过程既漫长又严格。在这样的过程当中，有的医生会被无情淘汰，有的医生则会因故放弃。由此可见，培养出一名合格的医生的确不是一件非常容易的事情。

然而，自从AI出现以后，这件事情似乎就可以交给AI来完成。下面以“未来医疗”为例对此进行详细说明。

按照国家相关标准，在进入医院以后，医生要接受严格的规培能力训练和专业的考试。只有这样，才可以成为一个名副其实的医生，并具有真正的处方权。为了打造出一个科学合理的规培系统，“未来医疗”特意结合国家的规培大纲、医学专业课程的特色、医院的具体要求等。

对此，“未来医疗”首席执行官靳超说道：“医生初到医院时，需要在各科室轮转学习记录所学的东西。然后每个科室学习完毕，要进行一个小考试，通过后再去下一个科室。这一过程，医院端需要在后台管理，但是这个任务量非常繁杂。我们将AI嵌入到规培系统后，系统就可以分析管理医生更多细微的情况，如帮助医生轮转排班之类的。另外，还可以详细了解到这个医生在哪些环节或者知识点有问题。如一些环节因为老师打分太松，而导致分数上是达标，但是实际上医生对这个知识并没有掌握。”

从目前的情况来看，“AI+医疗”的尝试主要集中在医疗影像方面，而“未来医疗”则从医生规培着手，正如靳超所说：“我们的目的是对医生的成长提供帮助。对于医生从业的机构，包括医院、医学院提供技术帮助，以助他们丰富专业知识。”

截至 2018 年 5 月，“未来医疗”还没有公开融资，但依然有保持营收的办法，其中最主要的就是，为医院提供一些考试软件等。

据了解，与大多数医疗科技公司相同，“未来医疗”也面临着某些棘手问题，靳超表示：“AI 医疗很大的挑战是两个专业性的结合，也就是需要既是大数据专家又是医学专家的复合型人才。”为此，“未来医疗”组建了一个实力超群的核心团队，里面的每一位成员都具有非常丰富的经验和资源，另外，在医学、大数据这两个方面，“未来医疗”也做了相应的努力，例如，聘请了许多医学专家，与一些科研机构合作等。

通过上述“未来医疗”的案例就可以知道，在进行医生规培的过程中，AI 可以发挥比较重要的作用，一方面，这有利于减少培养一名医生的时间；另一方面，这也有利于为医疗领域培养更多高质量的医生。可以说，“AI+医生规培”将会提升中国医生队伍的整体素质和工作能力，从而推动中国医疗事业的长远发展。

9.3.2 AI数据+专业医生经验：研发新药物

通常来讲，研发一种新药物应该需要10年左右的时间，以及十亿元甚至上百亿元的资金，这也使药物价格有了很大的提升。但是，将AI融入研发新药物的过程中，不仅可以降低整体成本，还可以对新药物的安全性进行自动检验。

首先，在筛选新药物的过程中，可以获得安全性比较高的几种备选新药物。具体来说，当出现很多种新药物都可以在一定程度上治愈某种疾病，但医生又很难对这些新药物的安全性进行判断的情况时，AI的搜索算法便可以为医生筛选出安全性比较高的那几种。

其次，对于那些还没有进入动物实验和人体试验阶段的新药物，同样也可以依靠AI来准确地检测其安全性。通过筛选及搜索既有药物的副作用，AI可以控制进入动物实验和人体试验阶段的新药物种类，这样，不仅可以大大缩短研发新药物的时间，还可以降低研发新药物的成本，一举两得。

另外，值得一提的是，在依靠AI研发新药物方面，Atomwise是一个非常具有代表性的例子。

通过超级计算机对自身已有数据库进行深入分析，利用AI及复杂算法对新药品的研发过程进行精准模拟，借助一些前沿技术对新药物的研发风险进行早期评估，Atomwise不仅让新药物的研发进程有了极大的加快，还让新药物的研发成本有了大幅度降低，有时甚至只需要数千美元即可。

Atomwise 运行在 IBM 的蓝色基因超级计算机上，也正是因为这样，Atomwise 才具有非常强大的计算能力，也可以完成一些比较困难的任务。例如，2015 年，埃博拉病毒突然肆虐，Atomwise 用了一个星期左右的时间就找到了可以控制这种病毒的新药物，而且成本非常低，甚至没有超过 1000 美元。

除了研发新药物，Atomwise 还可以提供一些别的服务，例如，为研究机构、创业公司、制药公司准确预测候选新药物的有效性。在合作方面，Atomwise 与 Merck 公司、Autodesk 公司达成了密切合作，同时还帮助生物科技公司、制药公司、相关研究机构完成药物挖掘工作。

当然，Atomwise 仅是个例，与之相类似的公司还有很多。正是因为有了这些公司，以及 AI 的出现和发展，研发新药物才得以变得比之前更加简单、高效、迅速，很多疾病也才得以成功治愈。

9.3.3 医生训练 AI：培养 AI 新技能

2018 年 5 月 24 日，人工智能医疗论坛暨沃森（Waston for Oncology）胃肠疾病人工智能医学中心启动仪式在中山大学附属第六医院正式举办。中山大学附属第六医院的医生团队将对沃森系统进行严格“训练”，主要目的就是调整并优化沃森系统的胃肠肿瘤治疗，争取将其变得更加本土化，从而为中国病患制订个性化的胃

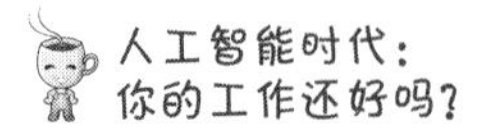

肠道肿瘤治疗方案。

沃森系统是由IBM公司制作并命名的，是以AI为基础的一套肿瘤辅助诊疗系统，可以通过计算机训练学习与算法，实现肿瘤治疗方案的制订和推荐。在当下这个AI医疗时代，沃森系统无疑是一个具有极强能力的超级计算机，其所积累的数据量和数据处理速度是别的系统难以比拟的，同时也是单个医生难以比拟的。

但必须承认的是，沃森系统并不会，或者不可以回答某些医学问题，而是只能在相关数据的基础上给出最接近，也最可能的多个答案，然后由医生挑选出最科学合理的那一个。所以，可以知道的是，沃森系统仅仅是帮助医生和护士更好更快地完成工作，而不是真的要取代他们。

另外，由于沃森系统中包含超级计算机的认知技术，因此在理解和分析肿瘤治疗的信息时，可以做到非常精准，从而更好地帮助医生确定治疗决策。

实际上，早在2013年，中山大学附属第六医院就成立了由胃肠外科领导的结直肠肿瘤和胃肿瘤MDT诊疗中心，此举的主要目的是，让每一位胃肠肿瘤病患在第一次就诊的时候就可以获得胃肠肿瘤专家的联合会诊，从而确定更加有效的治疗方案。

吴小剑是中山大学附属第六医院副院长、结直肠肛门外科五区主任，他曾说："沃森（系统）的治疗水平，与胃肠肿瘤MDT团队的治疗水平相差很远，还不能达到真正的个性化治疗。"的确，沃森系统的诊断规范和治疗规范，几乎全部都来自国外。与国外病患相比，中国病患有很多不同，例如，治疗习惯、生活习惯、疾病特征、消费水平等。因此，来到中国以后，沃森系统就必须更好地适应中国病患的情况。

举一个比较简单的例子，在面对一个已经 80 多岁的肿瘤病患时，沃森系统会给出化疗的建议。但是，大多数 80 多岁的病患并不太愿意接受化疗。这时，医生就会对病患的具体情况进行评估，如果可以根治，就会立即为其安排手术。

吴小剑说："我们不会改变它（沃森系统）的治疗原则，但会通过中国的病例，不断验证系统，并对它进行训练、调整优化，让它的治疗变得本土化，有实操性。"

同时他还表示："中山大学附属第六医院胃肠肿瘤 MDT 团队将会利用沃森系统提供的循证医学证据，结合中国胃肠肿瘤规范化诊疗指南，以及多学科会诊团队的临床经验，针对中国胃肠肿瘤病患的特点，为病患提供更高效迅速、标准化、个性化的精准治疗方案。同时也为沃森系统提供更多中国特色的循证医学证据、顶级专家经验，从而更好地优化沃森系统在中国胃肠疾病临床诊疗的应用及推广。"

在工具、数据、解决方案的助力下，科技的确有利于医疗领域的革新。不过，病患需要的不仅仅是疾病的治愈，还有情感上的关注和医生的重视爱护，在这种情况下，医生就应该多对 AI 进行一些情感方面的训练，从而提升 AI 的情商。

第十章

AI 重新定义电商：精准营销，流量自来

最近几年来，随着技术的不断进步，电商的发展也是越来越风云变幻。在这种情况下，各大电商平台纷纷以AI为依托，通过机器视觉、自然语言处理、云计算等前沿技术，对商品的生产、仓储、配送、销售过程进行不断升级和改造。在AI时代，技术进步逆向牵引生产变革，电商的确迎来了前所未有的机遇与挑战。

10.1 AI：电商增长的内在驱动力

从20世纪50年代开始，针对AI的研究就一直没有停止，但似乎也并未取得一些实质性的进展。不过，当阿尔法狗打败李世石和柯洁以后，AI却“一炮而红”，成为人们当下最关注的内容之一。

曾鸣是阿里巴巴的首席战略官，他曾说："未来商业的决策会越来越多地依赖于机器学习、人工智能，机器在很多商业决策上将扮演非常重要的角色，它能取得的效果超过今天人工运作带来的效果。"确实有很多人质疑过 AI 实现的可能性，但现在我们已经没办法阻挡这一技术的到来，也正是因为这样，电商的智能化趋势正在变得越来越明显，也越来越重要。

10.1.1 智能定价：顺应市场，即时调价

2016 年，亚马逊的自动定价功能正式上线，时隔一年以后，京东又推出"智慧供应链"战略，其中，商品价格是否会有所提高成了一个焦点。对此，在"智慧供应链"战略发布会上，京东 Y 事业部明确提出，将在 2017 年内，让 80%以上的商品实现自动补给和定价推荐，而这背后的强大"后盾"就是 AI。

另外，京东的创始人刘强东也曾说："在以 AI 为代表的第四次商业革命来临之际，京东将坚定地进行技术转型，利用技术将第一个 12 年建立的所有商业模式进行改造，打造一个包括智能商业、智能保险业务在内的全球领先的智能商业体。"同时他还表示，未来通过智能化的供应链管理，京东可以为仓库里的每一款商品都分配一名"AI 采销员"。

在京东的"智慧供应链"战略中，消费者最关心的就是商品价格问题。据了解，京东推出的动态定价算法的基础是对商品、消费

者信息、价格的精准研判。具体来说，动态定价算法通过持续地数据输入和机器学习训练，使商品的净利润和销售额目标达到一个平衡的状态，并计算出一个最科学合理的价格，从而促进交易效率的大幅度提升。与此同时，动态定价算法通过对各个要素（例如折扣力度、促销门槛、消费者决策树等）的综合建模进行判断，制定出一个最优的促销策略。

实际上，2016 年，亚马逊就已经上线了自动定价功能。对此，京东 Y 事业部产品经理高恩重说："我们供应链方面有个很明确的指标——货存周转天，京东去年财报的周转天是 37 天，在这个数值上我们比亚马逊做得更好。但毕竟亚马逊体量是巨大的，所以综合考评的话，我们还需要一个更专业的第三方机构来评比。"

那么，京东的变革是否会导致商品价格变高呢？对此，高恩重表示，希望算法可以综合考虑供应商与消费者两方面的因素，也就是说，既要考虑卖家的成本和营收，又要符合消费者的预期。同时他还说："其实对于现在的消费者来说，价格不是越低越好。随着社会的发展，消费者对品质的追求也越来越高。我们要做的是在保证品质的同时给消费者提供合理的价格。"

当然，除了京东，淘宝、聚美优品等知名电商平台也已经开始采取自动定价策略，这可以在很大程度上提升商品定价的科学合理性，从而使消费者购买到真正物美价廉的商品，可谓是一件非常有益的事情。

10.1.2 云计算：智能推荐能力越来越强

从目前的情况来看，推荐技术已经有了非常不错的发展，而推荐引擎也为很多电商平台（例如当当、淘宝、京东、聚美优品、亚马逊等）带来了好处。这也从一个侧面说明，在数据越来越多的情况下，更能洞悉喜好、偏爱、需求、口味的推荐引擎才是消费者最期盼的，同时也是电商平台最关注的。

那么，推荐引擎究竟是怎样工作的呢？其实比较简单——利用特殊的信息过滤技术，将不同的商品推荐给可能对其感兴趣的消费者。如果将推荐引擎看作黑盒，那么其接收的输入就是推荐的数据源。通常情况下，推荐引擎需要图 10-1 所示的 3 种数据源。

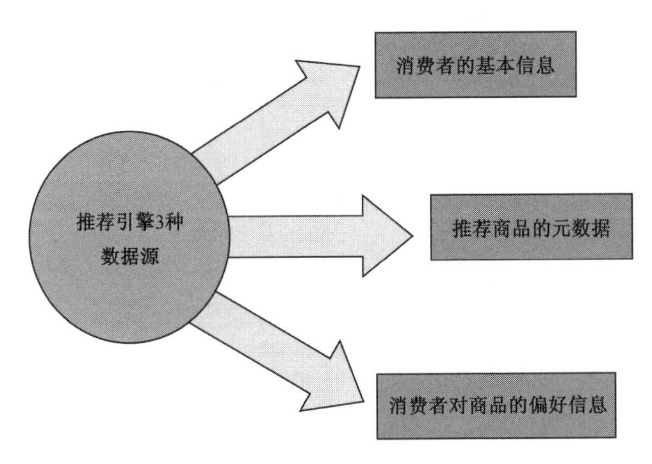

图 10-1　推荐引擎 3 种数据源

（1）消费者的基本信息，例如年龄、性别、地理位置、职业等。

（2）推荐商品的元数据，例如关键字、关键词语等。

（3）消费者对商品的偏好信息，这些偏好信息可以分为两类：一类是显式的消费者反馈，例如消费者对商品的评价、消费者对商品的评分等；另一类是隐式的消费者反馈，例如消费者浏览商品信息的时长、消费者的购买记录等。

其中，显式的消费者反馈可以直接且精准地反映消费者的喜好，但需要消费者付出额外的代价。而隐式的消费者反馈，经过相应的分析和处理以后，同样可以反映消费者的喜好，只是精准度要差一些。不过，只要选择正确的行为特征，隐式的用户反馈也可以达到非常不错的效果。

说起推荐引擎的鼻祖，那一定非亚马逊莫属。在很早之前，亚马逊就已经把推荐引擎引入到自己的平台当中。据了解，亚马逊推荐引擎的核心是利用数据对算法进行挖掘，并把消费者的偏好与其他消费者进行对比，从而预测出消费者可能感兴趣的商品。

另外，通过记录消费者在平台上的所有行为，并根据不同行为的特点进行分析和处理，亚马逊已经拥有了很多推荐形式，具体如图 10-2 所示。

图 10-2　亚马逊的推荐形式

1. 今日推荐

今日推荐通常是根据消费者的购买记录和浏览记录，再结合当下流行的商品，为消费者提供一个比较折中的推荐。

2. 基于商品本身的推荐

在推荐商品时，亚马逊也会给出相应的推荐理由，例如消费者的购物车里有某件商品，消费者购买过某件商品，消费者浏览过某件商品等。

3. 捆绑销售

在数据挖掘技术的助力下，消费者的购买行为可以被进一步处理和分析，而亚马逊也可以建立起经常被一起购买或同一个消费者购买的商品集，然后进行捆绑销售。从本质上来讲，这是一种非常典型的协同过滤推荐机制。

4. 其他消费者购买/浏览的商品

与捆绑销售相同，这也是一个非常典型的协同过滤推荐机制。在社会化机制的助力下，消费者可以更快、更方便地找到自己感兴趣的商品。值得一提的是，在做这部分的推荐时，亚马逊非常注重整体设计和消费者体验。

5. 新商品推荐

新商品推荐采用以内容为基础的推荐机制，将一些最新的商品推荐给消费者。一般情况下，新商品并不会有大量的消费者喜好信息，而以内容为基础的推荐机制则可以有效解决这个“冷启动”的问题。

6. 以社会化为基础的推荐

亚马逊会为消费者提供事实的数据，以此来让消费者信服，例如同时购买该商品和另一个商品的消费者一共有多少，所占比例又是多少等。

另外，亚马逊的很多推荐都是以消费者的基本信息为基础计算出来的，消费者的基本信息包括很多方面，例如浏览、收藏、购买了哪些商品，购物车里有哪些商品等。亚马逊还集合了消费者的反馈信息，其中最重要的就是评分，这也是消费者基本信息中的一个关键部分。同时，亚马逊还提供了让消费者自主管理基本信息的功能，这可以使亚马逊更加了解消费者的喜好和需求。

像亚马逊这样实现了精准推荐的电商平台简直不胜枚举，但亚马逊无疑是其中的一个开拓者。从长远的角度来看，通过 AI 实现精准推荐确实有比较多的优势：一方面，消费者可以用最快的速度找到自己感兴趣的商品；另一方面，电商平台可以吸引更多的消费者，从而进一步提升自己的影响力和名气。

10.1.3 自然语言处理技术：网购体验日益个性化

最近这几年，电商获得了极为迅猛的发展，无论是在国内还是在国外都是如此。当然，这和 AI 的出现和兴起也有非常密切的关系。作为美国的电商巨头之一，eBay 就将自然语言处理技术应用得淋漓尽致。

对于各大电商平台而言，需要进一步处理和分析的对象不外乎以下两种：卖家提供的商品、消费者指出的需求。其中，商品是由文字描述和精美图片组成的，而需求则是通过关键字词搜索来表达的。

每天，eBay 都会上线很多新商品，同时也会接收到各种各样的搜索，这两个过程产生的数据量是非常巨大的。在这种情况下，eBay 就非常需要自然语言处理技术的支持和辅助。那么，自然语言处理技术究竟为 eBay 提供了怎样的支持和辅助呢？我们需要从图 10-3 所示的两个方面进行详细说明。

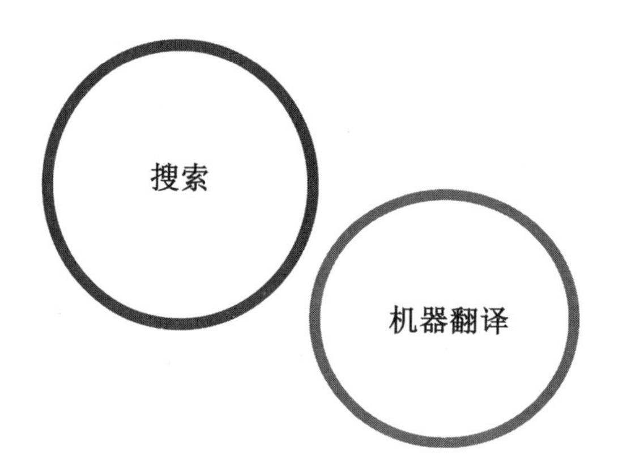

图 10-3　自然语言处理技术为 eBay 提供的支持和辅助

1. 搜索

对于电商平台而言，搜索无疑是一大重点，因为这是消费者寻找心仪商品的一个最便捷、最有效的途径。如此一来，搜索引擎便成了 eBay 的一个最重要的产品。搜索的鼻祖算法应该是 TF-IDF，这是自然语言处理技术中一种用于检索与文本挖掘的常见加权技术。当然，这也可以算是一种统计方法，可以用来描述一个字或一个词对商品的重要程度及对平台中其他商品的区分度。

通常来讲，传统的网页搜索把字词作为网页与用户查询之间相关程度的度量或评级，并在此基础上为用户推荐相关的网页。在 eBay 的应用场景当中，系统就会把字词作为商品与消费者需求相关程度的度量，从而为其推荐符合需求的商品。

为了能够适应电商的特殊应用，eBay 的搜索引擎已经进行了很多改进，但即使如此，搜索的核心依然是 TF-IDF 这一自然语言处理的重要算法。

2. 机器翻译

除了搜索，自然语言处理技术在电商中还要另一个重大应用——机器翻译。随着 eBay 的不断发展壮大，其平台已经遍布 30 多个国家，而且大多数国家都支持跨境交易。也就是说，平台上的卖家在美国卖商品，在俄罗斯的消费者也可以购买。但是，为了符合俄罗斯消费者的习惯，eBay 提供了俄语搜索和用俄语描述商品信息的服务。

在这种情况下，自然语言处理技术就派上用场，直接将英文翻译成俄文，供俄罗斯消费者进行搜索和浏览。美国的 eBay 每天要上线大量的新商品，没有机器翻译是很难将这些新商品销往世界各国的。

需要注意的是，在搜索和机器翻译的背后，还有强有力的技术支撑，例如命名实体识别技术、各种各样的文字分类器等。

在应用自然语言处理技术的所有电商平台中，eBay 是非常具有代表性的一个。也正是因为这样，eBay 才会受到广大消费者的认可和喜爱。当然，自然语言处理技术为 eBay 带来了不少好处，一方面，它进一步改善了消费者在 eBay 购物的体验；另一方面，它极大地推动了 eBay 的发展和进步。

10.1.4 AI 库存规划：借 AI 提高库存周转率

AI 正在进入并改变人们的日常生活已经成了一个既定的事实。例如在 AI 助力下，谷歌的搜索结果比之前更加准确；在 AI 助力下，特斯拉成功研发出自动驾驶汽车等。不仅如此，AI 在电商领域的影响也在逐渐扩大，亚马逊、沃尔玛、eBay 等电商巨头早就开始引入 AI，一些小型电商平台同样也开始享受 AI 的红利。

在提高商品销量的同时，AI 还可以优化电商运营的各个方面，主要包括完善库存规划、提升网购体验、协助商品定价、缩短配送时间等。

各大电商平台最担心的是，能不能跨渠道对库存进行管理，库存短缺是电商的“噩梦”。一旦库存真的短缺，电商就需要花费几天甚至十几天的时间来补充，这会使电商的收益受到非常严重的影响。

当然，库存积压也是电商不想看到的事情，这不仅会大幅度增加业务风险，还会消耗一定的资本，从而导致净利润的降低。

在瞬息万变的市场中，对库存周转率进行精准预测面临诸多挑战，其中最主要的一个就是需求和竞争的频繁变化。因此，为了使应对效率得以大幅度提升，电商必须采取相应的措施，从而准确地把握需求和分析竞争。

在 AI 的助力下，电商可以对订单数量进行精准预测。因为 AI 可以识别影响订单数量的关键因素，并监控这些关键因素发生变化对库存周转产生的影响。

把 AI 融入电商库存规划中，这样做的好处是可以让电商更加精准地预测库存需求，使库存周转率得以大幅度提升，从而将因库存短缺和库存积压造成的损失降到最低。

10.1.5 智能客服助力：提升电商营销效益

自从 AI 出现并兴起以后，客服领域就发生了颠覆性的变化，这一点在以客服为重点的电商领域表现得尤为明显。例如 2013 年，京东 JIMI 正式上线；时隔 3 年以后，阿里小蜜又正式上线。

相关数据显示，京东 JIMI 已经服务过上亿位消费者，阿里小蜜的工作量相当于 3.3 万位客服人员的总工作量。除此以外，2016 年迅速火爆起来的网易考拉海购，背后也有网易自己研发的全智能云客服系统——“网易七鱼”的支持和帮助。为什么各大电商都在积极布局智能客服呢？想必肯定是因为智能客服有着某些非常明显的优势。

随着时代的不断发展，服务渠道比之前丰富了许多。在这种情况下，消费者已经不喜欢也不习惯用打电话或发邮件的方式来解决问题，他们非常需要客服的帮助。然而，从人力的角度来看，随叫随到、随时等候的客服对电商来说无疑是一个巨大的挑战，这时，智能客服的优势就会突显出来。

与传统的客服不同，智能客服在为消费者提供服务的过程中不会生气，也不会感到疲倦。不仅如此，智能客服也不需要休假、不需要情感的关怀、不需要培训、不会因为工作做得不开心就突然离职。最重要的是，智能客服还可以随叫随到、随时等候。

由此来看，在完成一些简单、无趣、重复的工作时，AI 具有的优势比人类更加明显。不得不承认，像客服这种劳动密集型的工作确实比较适合由 AI 来完成。

大 V 店是中国第一家面向妈妈群体的母婴电商，在 2017 年，大 V 店就已经实现了超 500%的高速增长，取得这样的成绩离不开 AI 的出现和兴起。在 AI 的助力下，客服正在变得越来越简单，也越来越快捷。

大 V 店的智能客服是通过“网易七鱼”实现的，从消费者进入会话开始，“网易七鱼”就可以根据消费者信息、咨询路径自动推送常见的问题导航，从而帮助消费者在最短的时间内用最简单的方式解决问题。

另外，“网易七鱼”在语义及逻辑方面的识别能力是比较强的，所以，它可以帮助大 V 店更加准确地了解消费的心理和需求。在此基础上，大 V 店可以为消费者提供最合理的解决方案，从而让消费者省心、放心、舒心。

不仅如此，“网易七鱼”的人机互助功能可以将客服的经典话语收录到强大的智能知识库中。这样，当其他客服遇到相似的问题时，就可以直接使用已经被收录到智能知识库中的话语了。一方面，这一技术可以大幅度降低大 V 店的培训成本；另一方面，这一技术可以在很大程度上提升大 V 店的客服效率和营销效益。

当然，京东、阿里巴巴、大 V 店只是引入智能客服的个例，采取这种做法的电商还有很多，例如亚马逊、聚美优品、eBay 等。正是因为如此，电商领域的客服工作才可以完成得非常出色，从而推动着自身的长远发展。

10.2　案例：三大电商平台，玩转 AI 营销

在阿尔法狗击败李世石和柯洁以后，AI 便自然而然成了“未来”的代名词，很多平台都认为“掌握 AI 就相当于掌握未来”。然而，在 AI 第一次被写入政府工作报告之后，也有部分专家提出

AI 已经成为当下的一个巨大风口、一个过热的 IP。其言下之意是，在各方的追捧中，AI 缺乏真正意义上的应用场景，与市场预期有着比较大的差距。

2017 年 4 月 12 日，“2017 世界电子商务大会”在义乌正式召开，多家专营 AI 业务的初创公司并不认同上述观点。在这些公司看来，虽然在中国 AI 还处在初生阶段，但是其在定价、推荐、服务、规划等多个方面的应用正在实实在在地改变着各大电商平台。

10.2.1 Amazon Go：借机器视觉玩无人零售

在长达一年零两个月的漫长等待之后，亚马逊旗下的无人超市 Amazon Go 终于在 2018 年 1 月正式亮相。第一家 Amazon Go 设在位于西雅图的亚马逊总部办公楼下，值得一提的是，来 Amazon Go 购物的消费者不需要携带现金，也不需要排队结账。他们只要选好自己想要的商品，并在线上完成付款以后，就可以直接离开。

Amazon Go 的面积为 167 平方米左右，单从外形上看，与普通超市并没有非常大的区别。当然，商品陈列也与普通超市基本相同。在 Amazon Go，消费者可以购买到很多种类的商品，例如蛋糕、面包、牛奶、自制巧克力、手工奶酪等。

从技术的角度来讲，Amazon Go 运用了当下最流行的三项技术，分别是传感器融合技术、机器视觉技术、深度学习算法。不仅如此，Amazon Go 还运用了反作弊/识别系统，主要目的是避免出现消费者恶意损坏商品的现象。

在传感器的助力下，货架上缺少的商品可以在第一时间被发现，缺货的商品还可以被自动添加到消费者的虚拟购物车中。据相关报道称，有了传感器，Amazon Go可以对所有消费者的购物情况进行追踪，并在其离开的时候打印出购物清单，而商品的支付则要通过消费者的亚马逊账户完成。

对此，亚马逊在官方网站上宣布："你来购物所需的只是一个亚马逊网站上的账户。"所以在进入Amazon Go之前，消费者必须扫描应用软件上用来证明身份的条形码。只有这样，才可以顺利购买到自己想要的商品。

那么，当消费者进入Amazon Go进行购物时，具体的流程究竟是怎样的呢？其实非常简单，包括以下几个步骤：

（1）消费者需要一个亚马逊账号，并在手机上安装亚马逊App。当消费者打开自己的手机并进入Amazon Go以后，在入口处他必须接受用于确认身份的人脸识别。

（2）当消费者在货架前选择商品时，Amazon Go的摄像头会把消费者拿起或放下的商品全部记录下来。与此同时，货架上的摄像头还会通过手势来判断消费者是把商品放到了购物篮里，还是看过之后又放回货架上。

（3）货架上的红外传感器、压力感应装置、荷载传感器会对消费者的购物信息进行统计。压力感应装置可以确认消费者拿走了哪些商品，荷载传感器则用于记录哪些商品被放回了货架上。

（4）消费者采购的商品数据会在没有任何延迟的情况下传输到Amazon Go的信息中枢。如此一来，消费者在线上付完款以后，就可以直接离开。

（5）传感器会扫描并记录下消费者购买的所有商品，并自动在消费者的账户上算出相应的金额。

Amazon Go虽然被称为无人超市，但超市中并不是一个人都没有。当第一家Amazon Go即将开放的时候，里面有少数员工在整理货架，还有一些员工在旁边等着为消费者解决一些问题。此外，还有一个员工专门在入口处检查消费者的账户。在Amazon Go的厨房中，还有6名员工正在准备货架上的三明治、沙拉、面包、牛奶等午餐。

亚马逊副总裁Gianna Puerini是专门负责Go项目的，他说："我们的目标是在保证便利的同时让商品的价格和别的超市保持一致。"的确，在Amazon Go销售的商品，其价格与别的超市相差无几。

作为电商巨头亚马逊的新一代项目，Amazon Go一诞生就获得了非常广泛的关注，也成功掀起了一次"效仿"的热潮。相关数据显示，从2016年年底开始到2017年年末，仅在中国就诞生了几十个无人零售项目，这也在一定程度上表示"无人"确确实实成了一个巨大的“风口”。

10.2.2 eBay：借聊天机器人提升客服体验

自从 Facebook Messenger 推出机器人平台以后，进驻的企业便一直在增多，其中也不乏一些比较知名的企业，例如 CNN 、汉堡王、Staples、Fandango 等。不过，在 2016 年 10 月，Facebook Messenger 的机器人平台迎来了一个受到极大关注的新成员——美国电商巨头 eBay 推出的 ShopBot。在 ShopBot 的助力下，消费者可以用最短的时间找到自己想要的同时也是最实惠的商品。

2016 年 10 月 19 日，ShopBot 被正式推出，自此以后，消费者便可以在 eBay 上获得更加优质的消费体验。eBay 方面透露，ShopBot 是以 Facebook 的聊天机器人平台为基础开发出来的。

2016 年 4 月，针对 Bot（聊天机器人）开发者，Facebook 正式推出了开发者平台 Messenger Platform（测试版）。Bot 计划用对话来取代现有的 App 界面，通过与 Bot 进行对话，消费者可以完成很多事情，例如查天气、订外卖、找饭店等。实际上，从本质上来讲，这就是 Facebook 版的“微信公众号+小程序”，目的是让 Bot 取代 App，如图 10-4 所示。

图 10-4　在线聊天机器人

eBay 的 ShopBot 已经正式投入使用，在使用时，消费者可以登录自己的账号，也可以在 Facebook Messenger 内搜索“eBay ShopBot”。具体的使用方法如下：进入 ShopBot 的界面以后，消费者可以通过语音的方式说：“我正在寻找一个 80 美元以下的 Herschel 品牌的黑色书包。”说完以后，手机屏幕上就会出现一个或一些符合条件的书包，如图 10-5 所示。

消费者就可以非常简单、快速地找到自己想要购买的商品，从而大幅度提升了消费者的购物体验。其实，ShopBot 的推出也在一定程度上表明，eBay 已经开始朝着自然语言处理、计算机视觉等与 AI 息息相关的技术这个方向发展。

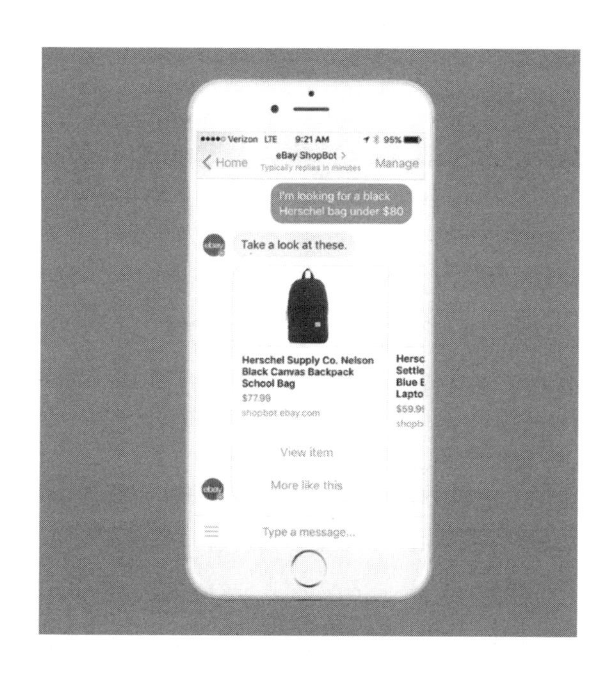

图 10-5 eBay 的 ShopBot 的聊天界面

2016 年 10 月，eBay 宣布它将收购以色列计算机视觉公司 Corrigon，主要目的是摆脱对人工的过度依赖，实行商品照片分类的自动化和智能化。不仅如此，eBay 还收购了机器学习团队 ExpertMaker、数据分析公司 SalesPredict。

在上述一系列收购的助力下，eBay 在自动化和智能化方面已经获得了非常迅猛的发展，这不仅有利于提升消费者在 eBay 的购物体验，还有利于优化 eBay 的服务质量和服务效果，从而吸引越来越多的新消费者。

10.2.3 京东：借机器人，玩转“智慧物流”和“智慧仓储”

最近这几年，AI 频频上演跨领域戏码，通过与一些前沿技术的深度融合，“AI+效应”不断发酵。于是借助 AI 推动产业转型升级已经成了大多数电商平台思考和探索的方向，京东就是比较具有代表性的一个。

众所周知，京东拥有自己的一套物流体系，而这套物流体系，无论是配送速度还是配送质量都是有口皆碑的。特别是在“全民购物狂欢节”等特殊时期，京东在物流方面的表现更是可圈可点。当然，这些成绩的背后也少不了 AI 的助力和支持，正因为如此，在众多物流几乎瘫痪的情况下，京东物流依然可以屹立不倒。

相关调查显示，2017 年“双十一”，京东的交易额依然保持着比较良好的增速。而且，对于京东的物流，消费者通常也会给出比较高的评价。在这样的基础上，京东始终没有停下布局“智慧物流”的脚步。

在“智慧物流”方面，京东希望使用无人机为消费者配送快递，但因为技术尚不成熟、监管过于严格等问题，在短时间内还很难实现。在这种情况下，京东便开始在无人车上动起了心思。2017 年的“6・18”，京东就已经使用无人车在校园内配送快递，可谓正式迈出了“智慧物流”的重要一步。

当然，除了“智慧物流”，京东还在积极布局“智慧仓储”，在这一过程中，一个不得不提的强大助力就是“无人仓”。“无人仓”可以大幅度缩短为商品打包的时间，从而加快物流的整体效率。据了解，在京东的“无人仓”中，发挥强大作用的AI产品主要包括如图10-6所示的3种。

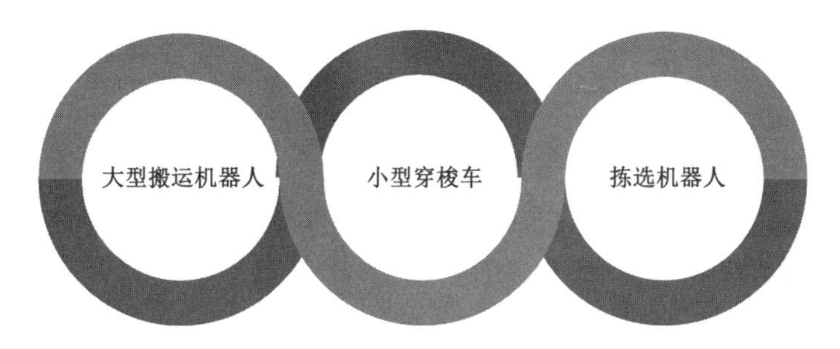

图10-6　京东“无人仓”中的3种AI产品

1. 大型搬运机器人

大型搬运机器人体积比较大，质量大概为100千克，负载量为300千克左右，行进速度约为2m/s，主要职责是搬运大型货架。有了这一机器人以后，搬运工作就比之前好做了很多，所需时间也比之前短了很多。

2. 小型穿梭车

在京东的“智慧仓储”中，除了大型搬运机器人，小型穿梭车也发挥了非常重要的作用。据了解，京东自主研发的shuttle小型穿梭车，在没有搭载任何商品的情况下，速度最快可达到6m/s，加速度也可以达到 4m/s^2，与日本某企业研发的小型穿梭车相比，速度仅落后 0.6m/s。

小型穿梭车的主要工作是搬起周转箱，然后将其送到货架尽头的暂存区。而货架外侧的提升机则会在第一时间把暂存区的周转箱转移到下方的输送线上。在小型穿梭车的助力下，货架的吞吐量已经达到了每小时 1600 箱。

3. 拣选机器人

小型穿梭车完成自己的工作以后，就轮到拣选机器人出场了。京东的拣选机器人 delta 配有前沿的 3D 视觉系统，可以从周转箱中对消费者需要的商品进行精准识别。不仅如此，通过工作端的吸盘，周转箱还可以接收到转移过来的商品。

拣选完成后，通过输送线，周转箱会被转移到打包区，而剩下的员工则会对商品进行打包，并将打包好的商品配送到中国各个地区。与传统仓库相比，“无人仓”的存储效率要高出 4 倍以上；而与人工拣选相比，拣选机器人的拣选速度则要快出 4～5 倍。

由此可见，对于京东而言，无论是“智慧物流”还是“智慧仓储”都是非常有益的。一方面，它们进一步完善了京东的物流体系；另一方面，它们提升了京东的存储效率和拣选效率。可以说，未来在物流和仓储方面，京东会发展得越来越好。

第十一章

AI 重新定义文娱工作者：黑科技、高效率、新灵感

创业邦趋势学院院长张雷表示，从互联网时代到AI时代，人机交互的方式将更加自然、媒介也更加多元。他认为，AI的不断发展为人类带来了“无屏—有屏—万物皆屏”的巨大转变，与此同时，可穿戴设备、AR、VR也会慢慢融入人们的日常生活中。当然，这种更为自然的人机交互，也使AI在文娱领域的应用场景有了极大的拓展，从而赋予了文娱工作者一个全新的定义。

11.1 AI进军文艺领域的案例

如今，AI已经不再局限于高科技范畴，而是大张旗鼓地进入了各个领域。连人类引以为傲的文艺领域，也开始面临AI的挑战。

在《中国诗词大会》热播的时候，清华大学语音与语言实验中心开发的作诗机器人薇薇顺利通过了图灵测试；AI 音乐制作平台 Amper 制作出了第一张 AI 专辑 *I AM AI*；微软小冰撰写出了与人类相差无几的报道；初音未来引爆了新兴娱乐，这些都是 AI 进军文艺领域的典范，同时也为文艺领域增添了一抹新的“色彩”。

11.1.1 机器人薇薇创作诗歌

“春信香深雪，冰肌瘦骨绝。梅花不可知，何处东风约。”这首诗歌看似与普通诗歌没有什么不同，但其实这是由机器人薇薇创作的。2016 年 3 月 20 日，清华大学语音与语言实验中心在其官网上宣布，经来自社科院的唐诗专家评定，机器人薇薇已经正式通过图灵测试，而且可以创作出 25 首左右的诗歌。

实际上，仅从创作诗歌方面来看，机器人薇薇还是略输人类的。在比赛中，评委老师根据格律、流畅度、主题、意境 4 个因素，分别对薇薇创作的诗歌和人类创作的诗歌进行打分。最终的结果是，薇薇获得了 2.72 分（满分 5 分），它以不到 0.5 分的差距败给了人类。

但即使如此，我们也不能否认薇薇在创作流程和创作效率方面的优势。正如薇薇设计研发团队中一位名为王琪鑫的成员说的：“只要我们向机器人提供作诗的关键词并且选择作诗类型，如宋词、藏头诗、词牌名、绝句等，薇薇就可以创作诗歌了。”

实际上，从本质上来讲，薇薇只是一款可以创作诗歌的 AI 程序，而并非是一个机器人。另外，支撑薇薇这一 AI 程序的基础应该是深度神经网络原理。

深度神经网络通过模仿人类的思考方式，来加快薇薇的语音识别速度，提升薇薇的语言识别质量。对此，王琪鑫表示，在向薇薇输入诗歌中的每一句话或诗歌中的词语以后，薇薇就会不断地将这些输入的话和词语进行记忆和组合。当积累了足够的话和词语时，薇薇就可以独立创作诗歌。

在 2015 年 9 月，针对薇薇的设计研发工作就已经正式开始了，设计研发团队由以下 3 位主要成员组成：清华大学教授王东、北京大学研究生骆天一、北京邮电大学本科生王琪鑫。

当时，王琪鑫就曾表示，他将在之后的研究中继续对薇薇的神经结构和学习方法进行改进，并说道："我们设计机器人的初衷是想试探人工智能是否能拓展到艺术创作领域。未来我们希望能创造出一个可以帮助人类进行作诗学习的机器人，并且是一个具有'艺术灵感'的机器人。"

随着技术变革的不断突破，人们对于技术入侵文学领域的担忧和恐慌也变得越来越明显，以 AI 为代表的前沿技术遭到了一定程度的抵制。实际上，作为前沿技术的创造者，人类不仅不应该对其进行抵制，反而应该大力宣传和推广这一技术，这既有利于实现社会的智能化、自动化，又有利于加快社会的发展进程。

11.1.2 AI写歌：史上第一支AI专辑*I AM AI*

2017年8月21日，泰琳·萨顿推出了自己的新专辑，在这张专辑中，有一位名为Amper的制作人。听起来，Amper似乎就是一位非常普通的音乐制作人，但事实并非如此。在美国，泰琳算不上乐坛新秀，而Amper是彻彻底底的“新人”。

实际上，Amper并不是人类，而是由专业的音乐制作人和技术开发员开发的AI音乐制作平台。值得一提的是，Amper也是第一个制作出整张专辑的AI音乐制作平台，这个平台制作的这张专辑的名称就是*I AM AI*。

作为Amper的创始人之一，德鲁·西尔弗斯坦曾明确表示，Amper提供的音乐制作服务具有多种优势，例如快捷、价格合理、不收版权税。更重要的是，Amper特别适合制作一些功能性的音乐，具体包括广告音乐、短视频音乐、综艺节目音乐等。

2017年3月，Amper成功获得了400万美元的天使轮融资。据了解，此轮融资由Two Sigma Ventures领投，由Foundry Group、Kiwi Venture Partners、Advancit Capital跟投。虽然Amper已经有了非常不错的发展，但它并不会完全取代音乐制作人的地位。它的主要作用是为音乐制作人提供一种快捷、低价、没有版权限制的音乐制作方式及为越来越多的广告、短视频、综艺节目制作预算内的原创音乐。

对此，西尔弗斯坦说：“我们的一个核心理念就是，未来的音乐将是由人类和 AI 共同制作的，我们想要以这种合作的方式推动创造力的发展。如果要实现这个目标，我们就必须教会 AI 进行真正的创作。”

具体来说，如果一位音乐制作人要想在 Amper 上制作音乐，那么他只需要设置自己喜欢的风格、时长，就可以在不到十秒的时间内（制作时间会根据音乐时长的不同有所不同）得到一个初始版本。之后，音乐制作人就可以在初始版本的基础上进行一些调整，例如添加某种乐器、转换某个节拍等。

虽然 *I AM AI* 是由 AI 独立制作的第一张专辑，不过在这之前，AI 就已经参加到音乐的制作中了。例如 Aiva 学习了古典音乐制作，DeepBach 制作出了与巴洛克艺术家约翰·塞巴斯蒂安·巴赫风格相似的音乐。

也许，*I AM AI* 这张专辑仅仅是艺术迈向新时代的第一步，但不可否认的是，随着 AI 的不断发展，人类将和 AI 一起推动艺术领域的发展和进步。到了那个时候，艺术领域就会呈现出与现在截然不同的景象。

11.1.3 借大数据，AI 机器人代记者撰写新闻报道

当一个人正在阅读一篇新闻报道时，如果你突然告诉他，那篇新闻报道的真正作者并不是记者，而是 AI 机器人，那么他会作何感想呢？这些已经不只存在于想象之中，而是变成了现实。实际上，无论是网络上的新闻报道还是报纸、期刊上的新闻报道，其中都有一部分是由 AI 机器人撰写的。

随着 AI 的不断发展和进步，AI 机器人撰写新闻报道已经逐渐成为一种新的热潮。如果我们对这些机器人进行深入分析，就可以发现一个非常明显的特点——它们撰写一篇新闻报道的速度很快。对于追求效率的当下来说，速度快的确是使用 AI 机器人撰写新闻报道的一个重要原因。

不过，与真正的记者相比，AI 机器人还有很多不足。以 AI 机器人 Dream Writer 撰写的《8 月 CPI 同比上涨 2.0%，创 12 个月新高》为例，文章通篇虽然加入了很多准确的数据，也把具体现象讲得非常清楚，却无法让人有想读下去的感觉。

之所以会出现这样的情况，主要是因为与真正的记者不同，AI 机器人 Dream Writer 在撰写的时候为了追求速度，会忽略一些比较重要的东西，例如情感性的表达、深入性的探索等。除此以外，在撰写的时候，AI 机器人 Dream Writer 也并不会注重逻辑和条理，从而导致文章的整体结构不完善、不系统。

当然，在撰写方面，也有很多比较出色的AI机器人，微软小冰就是其中非常有代表性的一个。

在研发之初，微软小冰的定位就是情感型AI机器人，也正是因为如此，它在某些方面有先天优势，例如在理解读者情感、展示情感语言等方面优势明显。另外，在2016年12月，微软小冰正式加入了《钱江晚报》，从那以后一直到现在，它已经撰写了20多篇新闻报道。不仅如此，微软小冰还在“浙江24小时”App等平台上开设了自己的专栏，主要是为了与读者进行更加亲密的互动。

如果仔细阅读由微软小冰撰写的新闻报道，我们就可以非常明显地感受到这些新闻报道与普通AI机器人撰写的报道有很大不同，主要体现在以下两个方面：

（1）微软小冰的文风非常独特——在保证幽默的前提下又不失严谨。例如“运动不仅可以告别‘四月不减肥，五月徒伤悲’的魔咒，迎接一个更美的自己，也是一种健康时尚的全新生活方式。”可以说，这句话与记者所写的并没有太大差别。

（2）微软小冰撰写的新闻报道具备非常强的逻辑性和结构性，且报道前后呼应，一气呵成。以《怎样才能买到好的运动鞋？这些数据告诉你》为例，微软小冰先把主题自然而然地引出来，然后通过一些数据分析和整理为读者提供详细的买鞋建议。当然，与记者相比，微软小冰还有许多不足。但对于一个AI机器人而言，能撰写出这样的新闻报道已经非常不错了。

实际上，除了上述两个方面，微软小冰还有一个更大的优势——拥有多重身份。微软小冰涉猎多个平台，它拥有更多与读者进行互动和交流的机会。这样的机会越多，微软小冰就越能理解读者的情感。

未来，记者对AI机器人撰写新闻报道的要求和期待会越来越高，当记者不只是追求速度而是更加注重质量时，像微软小冰这样的AI机器人肯定会发展得更好。这并不表示记者就不再需要做任何工作，无论如何，AI机器人都只是一个帮手，它要真正取代记者还有很长的路要走。

11.1.4 初音未来：借全息投影，引爆娱乐

2015年5月，在IHATOV交响曲演出中有一位非常特殊的嘉宾——初音未来，之所以说它特殊，是因为它并不是真正的人类，而是一位虚拟偶像。

在很早以前，初音未来就凭借自己的《甩葱歌》在中国走红，其影响力丝毫不逊色于现实偶像。除了在中国，初音未来在日本和一些其他国家也非常红，而且它还举办过多场演唱会。值得一提的是，2014年，初音未来受邀做客美国CBS电视台《大卫深夜秀》，在美国引起了非常广泛的关注。

在麻省理工学院讲授日本流行文化的时候，教授Ian Condry说：“初音未来是一个可以任意编辑的偶像。”的确，初音未来诞

生于漫画家 KEI 之手。这个“小姑娘”有一个标志性的双马尾，穿着一件非常漂亮的黑色连衣裙，十分惹人喜爱。

在最开始，初音未来只是被呈现在纸上，真正让她进入大众视野的背后功臣是全球最大的全息技术公司 Sax 3D。该公司提供的全息投影显示屏具有一些非常明显的优势特点，例如透明、不会受到光线影响等。因此，初音未来的演唱会才会有非常完美的视觉效果。

实际上，对于初音未来这样的虚拟偶像来说，很多技术是不可或缺的，主要包括图 11-1 所示的 3 项技术。

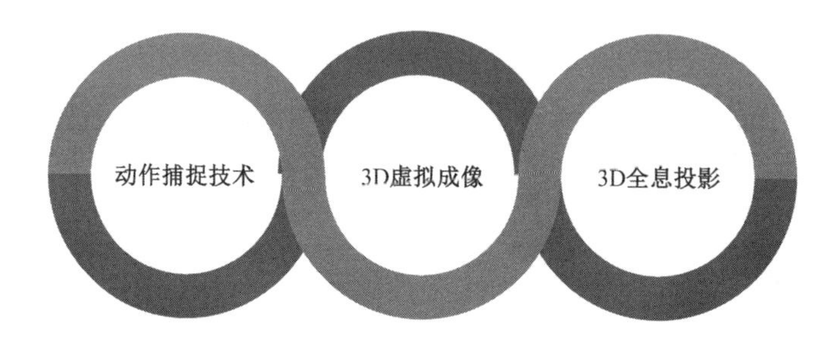

图 11-1　初音未来不可或缺的 3 项技术

1. 动作捕捉技术

在动作捕捉技术的助力下，初音未来可以直接采用人类的表情和动作，从而使自己的“一颦一笑”与人类更加接近。动作捕捉技术来源于电影工业的科技，它通过红外线摄像机、动作分析系统，透过由受试者身上反光球执行反射回来的光线，将运用摄像机拍摄到的 2D 影像转换成 3D 资料，再经过进一步的处理，最终完成整个捕捉过程。

2. 3D 虚拟成像

完成动作捕捉之后，就需要对生成的“人物骨骼”进行“无痕”对接，而实现这一目标的技术是 3D 虚拟成像。在该项技术的助力下，初音未来的形象可以被很好地修饰，从而最大限度地符合粉丝的审美取向。

3. 3D 全息投影

为了与自己的粉丝进行亲密互动，初音未来要经常举办演唱会。在演唱会上，3D 全息投影技术就显得非常重要，该项技术突破了传统的声、光、电，最终形成高对比度和清晰度的 3D 图像。

通过 3D 全息投影技术，初音未来就不必总是待在二次元的世界中，而是可以真真切切地来到粉丝身边。更重要的是，在观看初音未来表演时，粉丝不需要再像之前那样佩戴眼镜，不仅更方便，而且可以看得更清楚。

在 2012 年，5 岁的初音未来就已经创下造超 100 亿日元的经济效益。同年，初音未来的演唱会、游戏的出场费达到 200 万～300 万日元，广告费用更是高达 750 万～800 万日元。不仅如此，在 PSV 平台上推出的《初音未来：歌姬计划 f》总销量也已经达到 39 万套。

初音未来超高人气并未停留于此，即使到了 2018 年，其人气也一直在呈指数级增长。以初音未来为代表的虚拟偶像还会越来越多，这不仅有利于丰富偶像种类，还有利于促进文艺领域的发展。

11.2 面对AI，文娱工作者应该如何创作

不管我们承认与否，AI 已经进军文娱领域，并使该领域发生了颠覆性的变化。而对于文娱工作者来说，这无疑是一个巨大的挑战。一方面，他们面临被 AI 取代的风险；另一方面，他们需要做好自己的作品会被淘汰的准备。因此，为了更好地应对这一巨大的挑战，文娱工作者必须不断探索创作的新方法、新思路。

11.2.1 深入实践，创作“接地气”的文娱作品

文娱工作者要创作“接地气”的文娱作品。古诗有云：“问渠那得清如许，为有源头活水来。”文娱作品的源泉就是“地气”，是脚踩大地的真实生活。

20 世纪 80 年代，为了创作出高质量的《平凡的世界》，路遥提着一个装满各种书籍和资料的大箱子，亲自走乡村、下煤矿、住陋室，这样的生活一直持续了 6 年。在这 6 年的时间里，路遥深刻感受到了中国城乡社会生活的历史性变迁，从而创作出一个极为经

典且具有里程碑意义的作品。

即使到了现在，我们重温《平凡的世界》这部百万字的长篇巨作，依然会有一种亲切的感觉。因为在这部巨作中，不仅包含着非常浓郁的生活气息，还包含着鼓舞精神的强大动力。如此优秀的巨作，怎么能不让读者喜爱呢？

通过真真切切的实践，路遥创作出了《平凡的世界》，那么 AI 是不是也可以如此呢？答案是否定的。AI 并不是真正的人类，因此它不具备深入实践并从实践中感受生活的能力。在这种情况下，对于文娱工作者来说，要想超过 AI 就必须创作出更受大众喜爱的“接地气”的作品。

怎样才能创作出“接地气”的作品呢？在进行创作的过程中，文娱工作者需要牢牢掌握如图 11-2 所示的几个要点。

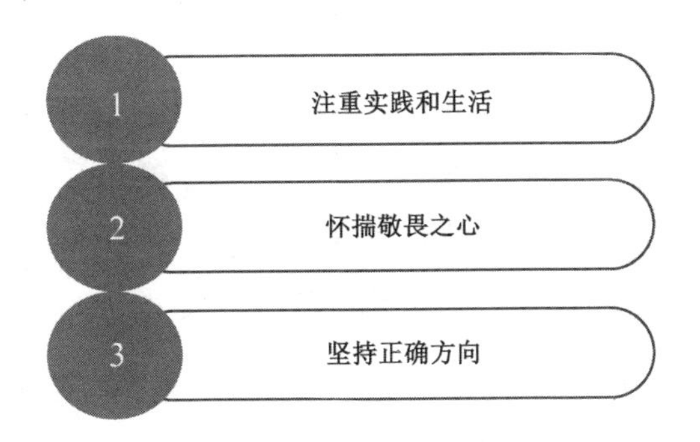

图 11-2　创作“接地气”作品的要点

1. 注重实践和生活

文娱工作者要切实深入实践，扎根生活，与大众搞好关系，为自己的作品增添一些珍贵的“泥土气息”。只有这样，创作出来的作品才可能满足大众的需求，符合大众的口味，才算得上是真正意义上的“接地气”。

2. 怀揣敬畏之心

文娱工作者要时刻怀有一颗敬畏之心，才能让作品经得起时间和历史的考验。实际上，在很多时候，文娱工作者需要面临各种各样的挑战和困境，但越是这样，就越应该保持最初的那份坚守和责任。

3. 坚持正确方向

文娱工作者要始终坚持正确的方向，严格按照国家的各种文娱政策进行创作，防止出现一些与时代和政策不符的内容。

相关政策的放宽也为“接地气”的作品提供了坚实保障，文娱工作者可以在政策范围内充分展现自己的才华。纵观前面提到的文学作品《平凡的世界》及电影作品《美人鱼》《捉妖记》《西游记之大圣归来》《战狼Ⅱ》等，它们都取得了成功。

之所以会出现这种情况，主要是因为创作这些作品的文娱工作者不仅担负了一定的文化责任，而且创作这些作品的文娱工作者还十分懂得大众的真正需求。由此可见，文娱工作者要创作有责任、有担当的“接地气”的作品，一方面，这样做可以防止自己被 AI 淘汰；另一方面，这样做可以使文娱市场变得越来越繁荣。

11.2.2 创新风格，提高文娱作品质量

从本质上来讲，AI创作文娱作品其实是一种“数据库创作”，这一过程需要高度依赖数据库，而且数据越多，越有利于AI的创作。以薇薇这种可以创作诗歌的AI程序来说，它提前学习过很多首古诗，具体数量估计要比《全唐诗》的五万首还要多。也正是因为这样，薇薇才能创作出一些看似有模有样的诗歌。

在人机大赛上，评委老师一针见血地指出了薇薇创作的诗歌的缺陷。薇薇究竟创作出了什么样的诗歌呢？评委老师又指出了什么样的缺陷呢？这里我们具体利用《海棠花》《镜》两个实例进行说明。

海棠花

红霞淡艳媚妆水，
万朵千峰映碧垂。
一夜东风吹雨过，
满城春色在天辉。

镜

照影金精映，
钗头角黍青。
白发红袖下，
明月满庭清。

评委老师指出薇薇创作的这两首诗歌在很多方面都存在缺陷，例如没有新意、句子过于平顺、比较敷衍等。这样的结果也是意料

之中的，毕竟薇薇只是一个 AI 程序，它没有很强的创新能力，也很难创作出质量非常高的诗歌。

当然，除了诗歌创作，AI 对其他种类文娱作品的创作也都是“数据库创作”。例如美联社、雅虎网、福布斯网就运用 AI 依托新闻报道模板进行财经类、体育类的新闻报道。2008 年，在以几千本文学名著为模板的基础上，AI 机器人用了 3 天的时间创作出《真爱》，而且该书还成功在俄罗斯出版。

在创作文娱作品的过程中，一共包括如图 11-3 所示的 4 个必不可少的因素，而这 4 个因素也恰恰是 AI 缺乏的。

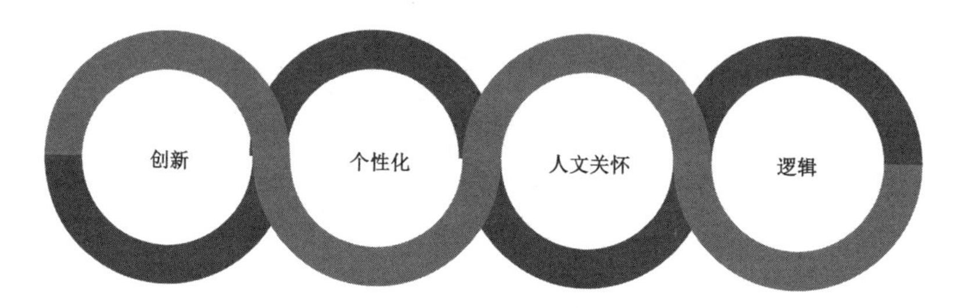

图 11-3　文娱创作中必不可少的 4 个因素

无论是 AI 机器人还是 AI 程序，只要是 AI 产品，那它就不具备独立的创新能力，因为其创新能力依然来源于人类。下面举两个比较具有代表性的例子。

天津大学孙济洲教授等人开发了中国水墨画效果的计算机模拟与绘制系统，他们在对输入笔迹进行边缘提取和检出的基础上，进行多笔次的叠加渗透创作水墨画作品，这是人工控制的技术手段的创新。

Aaron 是被视为真正具有创新能力的 AI 创作软件，但它创作出来的画依然是在模仿某些知名画家的风格和色调。有的画家明确表示，如果 Aaron 可以创作出一幅风格独特的画，那它才算得上具有创新能力。

文娱工作者必须有个性，这样才可能创作出带有个人风格的作品。然而，由 AI 产品创作的作品尚无个性可言，AI 产品还依然停留在对现有作品进行模仿、复制、重组的阶段。因此，无论是哪一位文娱工作者，只要运用同一款 AI 产品，就可以创作出风格相似或完全相同的作品。

不同文娱工作者之间应该体现出个性，同一文娱工作者的不同作品同样也应该体现出个性。在这一方面，AI 产品则显得无能为力。例如布伦斯沃德开发出了一款可以创作小说的 AI 产品，而他自己也承认，由该 AI 产品创作出来的小说并不完美。

11.2.3　文娱工作者要更具人文精神

文娱作品不能只体现智慧，更应该体现出人文精神，这也就表示在创作文娱作品的过程中，文娱工作者既要有丰富的知识积累、生活积累，还要有丰富的情感积累、人文积累。纵观一些比较优秀的文娱作品，它们基本上都充满情感和人文精神。

然而，AI 本身并不会产生任何情感，它的创作素材只是一些作品、色彩、音调等，其作品也只是一些冷冰冰的技术产物。

文娱工作者创作出来的作品都与其自身的情感状态密切相关，就像古时候的“怒则画竹”。但是，AI 并不会有任何的情感变化，即使它创作的作品中会表达某些情感，也只是由预载信息自然生成的。

在文娱工作者的创作活动中，虽然会出现一些无意识、非理性的因素，也会出现一些逻辑性的探索，但依然还是由文娱工作者自己支配的，其作品总会存在某种可以遵循的机理。然而，本应该擅长逻辑计算的 AI 产品，它创作出来的作品却常常是逻辑混乱的。以一直被视为 AI 小说代表作的《背叛》来说，这其中就有很多不符合逻辑的地方，例如为什么戴夫没有顺利通过答辩？哈特教授为什么会“背叛”戴夫？

另外，在创作诗歌方面，AI 虽然凭借自己的“数字计算”优势实现了诗歌的对仗和押韵，甚至还可以随机组合出一些美妙的句子。但这只是在“机械技能”基础上的模块组合，从整体上看，AI 创作的诗歌无论是情感还是韵味都很难与真正的诗人相比。

林鸿程开发出了一个专门用于创作诗歌的 AI 产品，某个诗人便尝试用这个 AI 产品创作一首《七律·清明》，诗歌的具体内容如下：

苔侵枕席诏亲贤，叶去回波夕月圆。
是我萸房闲应甚，当君菊蕊疾未平。
锦城河尹家何在，雪岭使君马不前。
去接临川心地内，池容自古覆苍烟。

仅从某些形式特征（例如对仗、押韵等）来看，该AI产品的创作能力确实比较强大。但如果我们认真阅读、仔细分析就会发现，这首诗歌其实是古代诗歌中某些语句及相关意象的机械组合。从中我们不仅很难感受到真正的情怀和意境，而且还很难看出与“清明”有关的内容。

总之，创新、个性化、人文精神、逻辑是AI欠缺的，作为AI时代的文娱工作者，必须从这4个因素入手，才可能最大限度地保证自己不被AI取代。更重要的是，文娱工作者掌握这些因素还有利于在一定程度上提升创作质量、改善创作效果。

图书在版编目（CIP）数据

人工智能时代，你的工作还好吗？/ 渠成，陈伟著. —北京：电子工业出版社，2019.5

（数字化生活. 人工智能）

ISBN 978-7-121-36115-9

Ⅰ. ①人…　Ⅱ. ①渠… ②陈…　Ⅲ. ①人工智能—普及读物　Ⅳ. ①TP18-49

中国版本图书馆 CIP 数据核字（2019）第 041292 号

策划编辑：黄　菲
责任编辑：黄　菲　　文字编辑：刘　甜　　特约编辑：刘广钦　李领弟
印　　刷：三河市华成印务有限公司
装　　订：三河市华成印务有限公司
出版发行：电子工业出版社
　　　　　北京市海淀区万寿路 173 信箱　邮编 100036
开　　本：720×1 000　1/16　印张：19　字数：250 千字
版　　次：2019 年 5 月第 1 版
印　　次：2019 年 5 月第 1 次印刷
定　　价：78.00 元

凡所购买电子工业出版社图书有缺损问题，请向购买书店调换。若书店售缺，请与本社发行部联系，联系及邮购电话：（010）88254888，88258888。

质量投诉请发邮件至 zlts@phei.com.cn，盗版侵权举报请发邮件至 dbqq@phei.com.cn。

本书咨询联系方式：1024004410（QQ）。